Alfred Tarski

JN451264

알프레트 타르스키 / 박우석

<컴북스이론총서>는
현대를 호흡하는 사상가들을 소개합니다.
단순한 사상의 축약, 해제가 아닙니다.
해당 사상가를 연구해 온 전문가가 직접
사상가의 핵심 키워드 10개를 뽑아 해설하고 비평합니다.
인간과 비인간, 현실과 가상, 문화와 야만의
경계를 넘나드는 모든 사상을 싣겠습니다.
오늘을 살아가는 모든 이의 나침반이 되겠습니다.

컴북스이론총서

알프레트 타르스키

박우석

대한민국, 서울, 커뮤니케이션북스, 2024

알프레트 타르스키

지은이 박우석
펴낸이 박영률

초판 1쇄 펴낸날 2024년 10월 8일

커뮤니케이션북스(주)
출판 등록 제313-2007-000166호(2007년 8월 17일)
02880 서울시 성북구 성북로 5-11
전화 (02) 7474 001, 팩스 (02) 736 5047
commbooks@commbooks.com
www.commbooks.com

이 책은 커뮤니케이션북스(주)가 저작권자와 계약하여 발행했습니다.
본사의 서면 허락 없이는 어떠한 형태나 수단으로도
이 책의 내용을 이용할 수 없음을 알려드립니다.

ⓒ 박우석, 2024

ISBN 979-11-7307-188-1 04410

책값은 뒤표지에 표시되어 있습니다.

타르스키 문제

존 도슨 주니어(John W. Dawson, Jr.)는 쿠르트 괴델(Kurt Gödel)의 표준적 전기에서 타르스키를 다음과 같이 소개했다.

> 알프레트 타르스키(Alfred Tarski, 1901～1983)는 20세기에 괴델에 견줄 수 있는 위상을 지닌 유일한 논리학자다. 그는 폴란드에서 경력을 시작했으나 1939년에 미국으로 이주해 캘리포니아대학교 버클리캠퍼스에서 교수로 정착했다. 기념비적인 논문 "형식화된 언어에서 진리의 개념"(1956, 원래 폴란드에서 1933년에 발표된 것이었다)에서 그는 형식언어에서 문장과 구조 사이의 만족성 관계를 귀납적으로 정의했는데 오늘날 이를 표준적으로 받아들인다. 또한 그는 같은 논문에서 만족성과 관련한 진리 개념이 언어 자체 내부에서는 형식적으로 정의될 수 없음을 증명했다. 괴델과 대조적으로 타르스키는 많은 논저를 썼고, 전문가들의 모임에서 활동적이었으며, 다수의 제자들을 키웠다. 또한 논리학과 수학의 다른 분야 (특히 대수학) 사이의 연관성에 대해 매

우 관심이 있었다. 그의 업적들 가운데 가장 많이 알려진 것으로는 다음을 포함한다. 우선 선택공리와 동등한 명제들과 이들이 파생하는 결과들에 관한 연구[특히, 바나흐-타르스키(Banach-Tarski) 패러독스]가 있다. 그리고 1계 유클리드 기하학이 결정 가능한 반면 군, 격자(lattice) 등에 관한 1계 이론들은 결정 가능하지 않다는 증명이 있고, 그 외에 기수 계산에 관한 다수의 결과들이 있다. 그의 영향과 지도하에 버클리는 논리학 연구의 세계적 중심지가 되었다.(Dawson, 1997/2016: 382)

중요한 내용을 잘 간추린 것으로 보이지만, 타르스키의 삶과 관련해 꼭 보충해 넣어야 할 두 가지 사항이 있다. 첫째, 타르스키는 수학 박사 학위를 받은 후 1925년부터 1939년까지 바르샤바의 제롬스키고등학교 교사이자 바르샤바대학교 사강사, 비전임직 교수로 봉직했다. 둘째, 타르스키는 자발적으로 미국에 이주한 것이 아니다. 학회에 참석하기 위해 1939년 8월 11일 뉴욕행 선박에 탑승한 그는 같은 해 9월 1일 폴란드가 독일에 침공당함으로써 종전될 때까지 가족들과 생이별한다(Mancosu, 2021: 35; Feferman & Feferman, 2004: 124).

진리, 거짓말쟁이 역설, 타르스키의 진리 정의

타르스키는 모델론을 개척하고 발전시켜 현대 수리논리학을 수학의 한 분야로 정립한 위대한 수학자다. 타르스키가 1930년대 초반 제시한 형식언어에서의 진리 개념 정의는 모델론의 역사에서 불후의 금자탑이며, 이후 분석적 전통을 따르는 철학의 향방에 지대한 영향을 미쳤다. 그럼에도 타르스키는 일반 대중이나 지식인들 사이에서 그리 잘 알려지지 않았다. 따라서 타르스키에 대한 이야기는 그나마 타르스키의 이름을 기억하게 하는 그의 업적, 즉 그의 진리 정의에서부터 시작할 수밖에 없다.

진리론의 역사는 곧 장구한 철학의 역사 그 자체로 여겨진다. 이에 대한 서술은 솔 크립키(Saul S. Kripke)처럼 빌라도가 예수를 죽이려는 무리에게 그를 넘기며 냉소적으로 제기한 질문 "진리란 무엇인가?"(요한복음 18장 38절)에서 시작할 수도 있다(Kripke, 1975). 그러나 보통은 마치 신성한 의식을 치르듯 아리스토텔레스 ≪형이상학≫의 "있는 것을 있다고 말하고 있지 않은 것을 있지 않다고 말하는 것은 참"(아리스토텔레스, 2017: 1011b25)이라는 진리 정의에서 시작한다.

이 책은 우리의 직관과 상식에 부합하는 듯 보이는 이

생각이 현재 진리론의 다수설인 진리대응설(어떤 문장과 그것이 말하는 사실이 대응할 때 그 문장은 참이라는 입장)의 원조임을 지적할 것이다. 이어 철학책들이 전통적으로 진리정합설, 진리실용설을 그 대안으로 논의해 왔다고 설명할 것이다. 최근에 쓰인 책들은 아마도 프랭크 램지(Frank Ramsey)의 진리잉여설, 누엘 벨냅(Nuel Belnap)과 아닐 굽타(Anil Gupta)의 진리수정설, 다양한 형태의 진리다원론 그리고 양진주의(dialetheism. 참이면서 동시에 거짓인 문장이 있다는 입장)까지 소개할 것이다. 그러나 이러한 백가쟁명 속에서도 다수설은 여전히 진리대응설이다. 이때 논의의 가닥을 잡기 위해서라도 20세기 초 그것에 강력한 논거를 제공한 타르스키의 진리 정의를 소환해야 하는 것은 시간문제다.

진리에 관한 철학 논저들을 펼쳐 들었을 때 독자는 즉각 거짓말쟁이 역설(liar paradox)에 대한 논의가 아주 큰 비중을 차지한다는 데 놀랄 것이다. 그 논의 역시 의식을 치르듯 기독교 신약성서 디도서 1장에 나오는, "모든 크레타인은 거짓말쟁이다"라고 말한 크레타인 에피메니데스 이야기에서 시작할 것이다. 그 말은 정말인가 거짓말인가? 정말이라면 거짓말이고, 거짓말이라면 정말이다. 철학서에서는 자연스럽게 거짓말쟁이 역설의 몇 가지 변종이 소개될 것이고, 어쩌면 독자는 스스로 자신만의 거짓말쟁이 역설을 만들어 보라는 연습 문제에 유혹될지도 모른다. 그러나 결국 진지한 논의로 넘어가려면 타르스키를 언급해야 하는 것은 시간문제다. 컴퓨터와 인공지능의 시대에 거짓말쟁이 역설을 논의하는 출발점은 타르스키가 제시한 (형식언어에서의) 진리 정의일 수밖에 없기 때문이다.

타르스키가 형식언어에서의 진리 정의를 논의한 논문(폴란드어 원본: 1933, 독일어 역본: 1935)을 발표했을 때 칼 포퍼(Karl Popper)는 환호하는 것을 넘어서 겨우 한 살 손위인 타르스키를 일생일대의 스승으로 모셨다(Popper, 1974: 399). 그 까탈스러운 포퍼가 왜 그랬을까? 학문의 왕국에서 형이상학을 제거해야 한다고 주장하는 논리실증주의자들의 눈치를 보느라 ≪탐구의 논리(Logik der Forschung)≫(1934)에서 "진리"라는 단어 사용 자체를 극도로 자제했던 포퍼로서는 타르스키 덕분에 진리대응설이 부활하는 것이 실로 복음이었나 보다. 타르스키가 이룩한 업적이 당시 상황에 왜 그리 중요했는지 실감하려면 국제 정세까지는 아니더라도 최소한 20세기 초 철학, 논리학, 수학 그리고 모든 과학 분야의 전반적 상황을 조감해야 한다.

19세기 후반부의 제2차 과학혁명은 17세기의 제1차 과학혁명을 압도하는 폭발력을 보였다. 관심을 수학에 국한 해도 그 폭발력은 카를 프리드리히 가우스(Carl Friedrich Gauβ) 이래 획기적으로 발전한 수학이 게오르크 칸토어(Georg Cantor)의 집합론을 통해 무한을 다루게 되었다거나, 모리츠 파슈(Moritz Pasch) 등이 추구한 공리적 방법에 대한 관심이 다비트 힐베르트(David Hilbert)에게서 정점에 달했다거나 하는 몇 가지 사례를 통해 확인할 수 있다. 그러나 비유클리드 기하학의 등장으로 수학의 확실성에 대한 오랜 신뢰가 무너지고, 이마누엘 칸트(Immanuel Kant)가 제공한 과학의 깔끔한 지형도 전체가 새로 그려져야 했던 상황을 이해하기란 그리 쉽지 않다. 고틀로프 프레게(Gottlob Frege)가 1869년 입학할 당시 독일 예나대학교 문리대에는 인문계 교수 5명, 화학 교수 1명, 생물학 교수 1명 그리고 수학·물리학·천문학을 함께 담당하는 교수 1명이 소속되어 있었다(Sluga, 1984: 331). 당시 수학자와 천문학자가 한 가족처럼 함께 학술대회를 열었다거나, 1900년 파리 국제수학자대회가 아마 전 세계 수학자들이 한데 모인 최초 사례일 것이라는 등의 이야기는 잘 믿기지조차 않는다.

수학기초론의 막장 드라마

교과서적 해설에 따르면 1903년 버트런드 러셀(Bertrand Russell)의 역설이 초래한 수학의 위기를 극복하기 위해 수학기초론이 대두한다. 여기서 논리주의, 형식주의 그리고 직관주의 사이에 30년 전쟁이 벌어진다. 프레게, 러셀, 루돌프 카르나프(Rudolf Carnap)로 이어지는 논리주의는 고전 수학의 모든 정리가 순수 논리학의 공리에서 도출될 수 있다고 주장한다. 스튜어트 셔피로(Stewart Shapiro)는 논리주의의 기본 주장을 "수학의 개념들과 대상들은 논리의 용어들로부터 정의될 수 있다는 것", "수학의 정리들은 논리학의 원리들로부터 유도될 수 있다는 것"으로 요약했다(셔피로, 2022: 129). 또한 셔피로에 따르면 힐베르트, 파울 베르나이스(Paul Bernays), 요한 폰 노이만(Johann von Neumann)이 대표하는 형식주의는 "수학의 본질이 문자들의 조작에 있다는 주장을 추구"하고, 그 귀결로 "수학은 … 문자들과 … 조작 규칙을 넘어서는 어떤 것에 관한 것이 아니(게)" 된다(셔피로, 2022: 170). 한편 라위천 브라우어르(Luitzen Brouwer), 아렌트 헤이팅(Arend Heyting)이 대표하는 직관주의는 "근거와 정당화"에 응분의 주의를 기울이면서 "수학의 실제는 주로 정신적(mental) 활동"임을 강조한다(셔피로, 2022: 210). 논리주의는 소위 분석철학에서 많이 논의되어 왔고, 형식주의는 고전 수학의 전통 위에 선 주류 수학자들에게 가장 큰 공감을 얻어 왔으며, 고전 수학의 극단적 수정을 요구하는 직관주의는 수학계의 이단 혹은 소수파라는 식으로 큰 그림을 그려 볼 수 있겠다.

그런데 수학의 위기를 극복하기 위해 등장한 수학기초론이 1920년을 전후해 다시 새로운 수학의 위기를 초래했다. 비범한 위상수학자로서 브라우어르는 일찌감치 힐베르트에게 높은 평가를 받고 수학계의 핵심 그룹으로 진입했다. 그러나 주류 수학자들이 보기에 브라우어르가 주창한 직관주의의 혁신적 아이디어들은 고전 수학의 상당 부분을 포기하게 한다는 점에서 지나치게 혁신적이었다. 박창균이 일목요연하게 정리했듯 직관주의를 채택하면 ① 수학의 대상은 구성의 결과로만 존재하므로 무한집합이 존재한다는 가정에 근거한 칸토어의 초한수론은 포기되어야 하고, ② 정의나 증명도 구성적이어야 하므로 선택공리에 의한 존재 증명도 모두 거부되어야 하며, ③ 존재가 허용되려면 유한 단계에서 구성 가능해야 하므로 칸토어의 대각논법에서 구성되는 수도 거부되어야 하고, ④ 비서술적 정의(impredicative definition)도 생성되리라 추정되는 존재를

미리 가정하므로 거부되어야 하며, ⑤ 어떤 진술이 참이거나 거짓이라는 배중률 역시 명백한 경우를 제외하고는 제한된다(박창균, 1997: 84-85). 힐베르트가 브라우어르의 주장들이 자신의 핵심 주장들에 대한 명백한 도전이라는 사실을 깨닫는 데는 그리 오랜 시간이 걸리지 않았다. 그리고 헤르만 바일(Hermann Weyl)이 도화선에 불을 댕겼다. 힐베르트의 제자들 중 가장 촉망받던 바일이 브라우어르의 사도로 변신한 것이다(Rowe, 2018: 333-341).

물론 훗날 바일은 개과천선(?)해 힐베르트의 후임으로 괴팅겐대학교 교수가 되지만, 당시 힐베르트는 심한 배신감을 느꼈던 것으로 보인다. 그리하여 수학기초론 논쟁은 힐베르트와 브라우어르 사이의 감정싸움으로 변질했고 결국 '아날렌 분쟁(Annalenstreit)'이라는 막장 드라마로 귀결했다. 당시 영향력 있던 학술지 ≪아날렌(Annalen)≫의 편집진에는 힐베르트, 바일, 알베르트 아인슈타인(Albert Einstein) 그리고 콘스탄틴 카라테오도리(Constantin Carathéodory)가 있었는데, 힐베르트가 불법적·독단적으로 바일을 편집진에서 퇴출해 버렸다. 이 사건은 바일에게 치명타였고, 바일은 직관주의 프로그램을 포기하고 물러나 은둔한다(van Stigt, 1998: 3). 1930년까지만 해도 논리주의의 입장을 대변했던 카르나프가 이 막장 드라마에 염증을 느

끼고 소위 "관용의 원리"를 표방하게 된 사연도 넉넉히 짐작할 만하다.

논리실증주의의 딜레마

20세기 철학사에서 가장 중요한 사건은 논리실증주의자들이 벌인 통일과학 운동(unified science movement)일지도 모른다. 과학적 마음을 지닌 철학자들과 철학적 마음을 지닌 과학자들이 의기투합해 상당 기간 국제적으로 추진한 이 운동에 비길 만한 사건을 찾기는 쉽지 않을 것이기 때문이다. 제2차 세계대전 중 대단히 많은 유럽의 과학자들이 자의 반 타의 반으로 미국으로 이주했다는 사실을 빼놓고 미국이 전 세계 과학의 향방을 주도한 20세기 과학사를 서술할 수는 없으리라는 점도 간과할 수 없다. 고인석이 잘 강조했듯, 논리실증주의자들을 한데 묶어 준 공통분모와 그들 사이의 다양한 견해차 양자가 초미의 관심사다(고인석, 2010).

앨프리드 줄스 에이어(Alfred Jules Ayer)의 ≪언어, 진리 그리고 논리(Language, Truth and Logic)≫(1936)를 통해 널리 알려진 논리실증주의는 학문의 왕국에서 "형이상학의 제거"라는 강렬한 구호로 두고두고 기억될 운명이다. 자신의 정체성을 형이상학에서 찾는 이에게는 당혹스럽겠지만, 20세기 초 학문의 지형도를 놓고 감정 이입한다면 그 구호가 당시 과학자들에게 미쳤을 거부할 수 없는 매력은 충분히 이해된다. 나아가 논리실증주의자들이 자신의 원조 가운데 하나로 추앙하는 데이비드 흄(David Hume)이 지식 확장에 도움이 되지 않고 아무런 쓸모도 없는 책들은 불살라 버리라고 선동했던 전례까지 소급해 보면, 종종 개념의 유희로 전락하는 사변적 형이상학을 훌륭한 형이상학으로 개혁해야 할 필요성을 절감하게 된다. 이러한 관점에서 논리실증주의의 통일과학 기획을 재평가해야 한다.

이 큰 틀을 배경으로 수학기초론 논쟁의 연장선상에서 타르스키와 논리실증주의의 미묘한 관계를 섬세하게 포착하려면 카르나프, 모리츠 슐리크(Moritz Schlick), 오토 노이라트(Otto Neurath) 등 논리실증주의자들이 1930년을 전후해 직면한 문제들뿐 아니라 에른스트 마흐(Ernst Mach)에게서 비롯한 빈학파(Wiener Kreis)의 역사적 배경을 이해해야 한다. 무엇보다 논리실증주의자들이 원초적 용어들의 의미에 대한 의견 차이로 극심한 내분을 겪었다는 점을 이해해야 한다. 조지 로마노스(George D. Romanos)는 이를 "논리실증주의의 딜레마"라고 부르며 다음과 같이 썼다.

> 과학의 "합리적 재구성"이라는 분석적 과업의 성취를 갈망했던 실증주의자들은 딜레마에 부딪치게 되었다. 그들은 애당초 말로 표현할 수 없는 언어와 실재 사이의 관계에 관해 이야기함으로써 형이상학과 무의미한 언어에 빠지거나, 아니면 과학적 진리와 객관적 사실을 전혀 관련 없는 것으로 완전히 분리시킬 수밖에 없었다.(로마노스, 2002: 214)

여기서 대립한 두 입장은 진리론에서의 대응설과 정합설로 이해해도 무방할 것이다. 양자의 대결 상황에서 대응설이 부활한 것으로 보이는 타르스키의 의미론적 진리 정의의 등장은 전체 판도를 뒤흔드는 중대한 사건이었다.

타르스키: 수리논리학의 빛과 그림자

타르스키는 과연 누구인가? 논리학자, 수학자, 철학자로서 타르스키의 일생은 수학과 철학의 이상적 공조를 통해 인류의 생존과 진보를 독자적 방식으로 모색한 위대한 실험 사례다. 그 실험은 성공했는가? 성공했다면 어떤 의미에서의 성공이고, 실패했다면 어떤 의미에서의 실패인가? 청년 수리논리학자 타르스키는 수학의 위기를 극복하려던 수학기초론이 막다른 골목에 도달하고, 과학과 철학의 공조를 통해 통일된 과학의 이상을 지향하던 논리실증주의가 딜레마 상황에 처한 1930년대 초반 홀연히 등장했다. 타르스키는 과연 어떤 활동과 업적을 통해 지난 100년 동안 논리학, 수학, 철학의 흐름에 얼마나 큰 파장을 일으켰을까?

수리논리학의 개척자들은 자신들이 이룬 성취에 대단한 자긍심을 지녔고 장밋빛 미래를 낙관했다. 예를 들어 러셀은 "낡은 논리학은 생각을 족쇄에 묶어 두지만, 새 논리학은 생각에 날개를 달아 준다"고 말했다(Russell, 1914: 68). 러셀은 수리논리학이 수학적이라는 말의 의미를 그것이 이미 수학의 일부라는 점, 수학의 더 전통적인 분야들에 특히 잘 적용될 수 있다는 점에서 찾았다(Russell, 1914: 49). 이러한 낙관론의 근거는 상당 부분 새 논리학이 프레게, 조지 불(George Boole), 주세페 페아노(Giuseppe Peano) 같은 수학자들에 의해 만들어졌다는 데 기인하는 것으로 보인다.

그러한 낙관론이 어떻게 냉정한 현실에서 처참하게 깨지고 그 실패의 흔적이 어떻게 역사를 물들여 가는지 관찰하는 것이 이 책의 집필 동기 중 하나다. 타르스키는 수리논리학이 수학자가 만들었다는 이유로 수학의 세계에서 당연히 환영받으리라는 소망적 사고에 안주한 이들과 달리 매우 정확하게 사태를 파악하고 수리논리학이 수학으로 인정받을 수 있도록 온몸을 던져 싸웠다. 논리학의 역사 전체에서 아리스토텔레스, 프레게 그리고 괴델 외에 타르스키에 비견할 만한 논리학자를 찾기는 거의 불가능하다. 그러나 그런 타르스키마저 박사 학위를 받고 나서 안정된 교수직을 얻기까지 20년의 세월을 견뎌야만 했다. 이를 이겨 낸 타르스키가 버클리에 독보적인 논리학 프로그램을 만들고 제자들과 더불어 현대 수리논리학의 핵심 분야인 모델론을 정립한 일은 학문의 역사 전체를 통틀어 유사 사례를 찾기 어려운 전설이다.

물론 타르스키의 외로운 싸움이 그를 개선장군으로 만들지는 못했다. 수리논리학자인 수학자는 21세기에도 여전히 수학자들 사이에서 타르스키가 시작한 싸움을 이어가야 한다. 이는 멀리 갈 필요도 없이 모델론 분야의 세계적 석학 김병한의 사례만으로도 충분히 예증할 수 있다. 김-필레이 정리(Kim-Pillay theorem)를 필두로 단순이론(simplicity theory)이라는 새로운 수학 분야를 개척했고, 권위 있는 옥스퍼드논리학총서(Oxford Logic Guide)로 이 분야를 대표하는 연구서를 낸 김병한이 2024년 5월 출간된 수학과 대학원생을 위한 입문서 ≪모델론의 기초: 수리논리학 모델론의 기초이론≫ 머리말에서 설명했듯 모델론은 집합론, 증명론, 재귀론과 더불어 현대 수리논리학의 핵심 분야를 구성한다. 그러나 집합론을 제외한 나머지 분야들에 대해 들어 본 적 있는 사람이 몇이나 될까? 그 분야들에 대한 강좌가 개설된 사례는 또 몇이나 될까? 수리논리학 입문 강좌를 정기적으로 개설하는 국내 대학은 도대체 몇 군데나 될까? 박창균이 고군분투하는 김병한을 위해 발 벗고 나서 만든 한국수리논리학회는 얼마나 더 기다려야 모델론의 메카로 진면목을 드러낼까? 수학 자체가 생존을 위해 빵을 구걸해야 하는 것이 냉엄한 현실인데 무능한 필자는 한가로이 한국수리논리학회라는 동남풍이 거세게 불어와 한국논리학회도 돛을 달게 되기만을 꿈꾸고 있다.

수학 바보가 수학자들과 대화를 나눠 보려 애쓰면서 수리논리학과 수학철학 공부를 조금 흉내 내 보았으나 결국 논리학, 철학, 수학 중 어느 하나도 변변히 배우지 못했다. 그 점에서 이 바보는 팔방미인 천재 타르스키와 극명한 대조를 보인다. 타르스키는 역대급 논리학자이고, 수학자들에게 정당한 대접을 받지 못했다고 불평할망정 수학사에 확고한 족적을 남겼으며, 철학자들이 쉽게 알아차리지 못할 따름이지 어쩌면 현대 철학의 영웅들을 꼭두각시처럼 다룬 막후 설계자일지도 모르기 때문이다. 그렇다면, 그럼에도 불구하고 이 바보는 왜 수학과 논리학 그리고 철학의 장래를 무언가 거들고 싶어 이 글을 계속 쓰고 있는 것일까? 아마도 정답은 "타르스키"라는 이름으로 불린 최초의 인간이 도대체 어떤 존재인지 궁금하기 때문일 것이다. 왜소했지만 자신감 넘치고 당당했던 작은 거인, 박사 학위를 받은 후 20년을 절치부심해 겨우 교수직을 얻었지만 결국 논리학 제국을 건설한 사내, 그의 정체가 궁금하다. 타르스키에 얽힌 미스터리는 그가 수학자라는 직업상 무한을 전문적으로 다뤘지만 실제로는 극단적인 유명론자였을 가능성이 농후하다는 역설적 사실에서 절정에 달한다. 타르스키는 도대체 누구이고, 우리는 그에게서 무엇을 배워야 하는가?

참고문헌

고인석(2010). "빈 학단의 과학사상: 배경, 형성과정, 그리고 변화". ≪과학철학≫, 13(1), 53-81쪽.

박창균(1997). "직관주의". ≪한국수학사학회지≫, 10(2), 82-88쪽.

송하석(2019). ≪거짓말쟁이 역설에 관한 탐구≫. 아카넷.

스튜어트 셔피로 지음, 이기돈 옮김(2022). ≪수학에 관해 생각하기: 수학철학≫. 교우사.

아리스토텔레스 지음, 조대호 옮김(2017). ≪형이상학≫. 길.

칼 포퍼 지음, 박우석 옮김(1994). ≪과학적 발견의 논리≫. 고려원.

Carnap, R.(1958). *Introduction to Symbolic Logic and its Applications.* New York: Dover.

Dawson Jr., J. W.(1997). *Logical Dilemmas: The Life and Work of Kurt Gödel.* Wellesley, MA: A. K. Peters. 김병한 외 옮김(2016). ≪논리적 딜레마: 쿠르트 괴델의 생애와 업적≫. 경문사.

Feferman, S. & Feferman, A. B.(2004). *Alfred Tarski: Life and Logic.* Cambridge: Cambridge University Press.

Kripke, S.(1975). Outline of a Theory of Truth. *The Journal of Philosophy, 72*(19). pp. 690-716.

Mancosu, P.(2021). Logic and Biology: The Correspondence Between Alfred Tarski and Joseph H. Woodger. *Journal of Humanistic Mathematics, 11*(2), pp. 18-106.

Park, W.(2023). The Place of Mathematical Logic in the 20th Century American Mathematics: Mac Lane's Perspective. *Al-Mukhatabat: A Trilingual Journal for Logic, Epistemology and Analytical Philosophy, 46*, pp. 11-46.

Popper, K.(1974), Some Philosophical Comments on Tarski's Theory of Truth. In Henkin, L. et al.(eds.). *Proceedings of the*

Tarski Symposium, pp. 397–409. Providence: American Mathematical Society.

Romanos, G. D.(1983). *Quine and Analytic Philosophy: The Language of Language*. Cambridge, MA: The MIT Press. 곽강제 옮김(2002). ≪콰인과 분석철학≫. 한국문학사.

Rowe, D. E.(2018). *A Richer Picture of Mathematics: The Göttingen Tradition and Beyond*. Cham, Switzerland: Springer.

Russell, B.(1914). *Our Knowledge of the External World*. London: George Allen and Unwin LTD.

Sluga, H.(1984). Frege: The Early Years. In Rorty, R. et al.(eds.). *Philosophy in History: Essays in the Historiography of Philosophy*, pp. 329–356. Cambridge: Cambridge University Press.

van Stigt, W. P.(1998). Brouwer's Intuitionist Programme. In Mancosu, P.(ed.). *From Brouwer to Hilbert: The Debate on the Foundations of Mathematics in the 1920s*, pp. 1–22. Oxford: Oxford University Press.

차례

일러두기

- 인명, 작품명, 저서명, 개념어 등은 한글과 함께 괄호 안에 해당 국가의 원어를 병기했습니다.
- 외래어 표기는 현행 어문규정의 외래어표기법을 따랐습니다.

01
직관주의적 형식주의

20세기 초 논리학과 수학철학의 지형도 위에 논리주의, 형식주의 그리고 직관주의를 그려 넣고 나면 대뜸 폴란드 학파가 표방한 직관주의적 형식주의의 위치가 궁금해진다. 누가 청년 타르스키의 진짜 스승인가? 힐베르트인가, 아니면 바르샤바의 은사들인가? 타르스키의 사상을 이해하려면 타르스키가 그들의 진리 개념에 어떤 입장을 취했는지부터 알아내야 한다.

논리주의, 형식주의, 직관주의의 진리 개념

교과서적 해설에 따르면 1903년 러셀의 역설이 초래한 수학의 위기를 극복하기 위해 수학기초론이 대두했고, 여기서 논리주의, 형식주의 그리고 직관주의 사이 30년 전쟁이 벌어졌다. 타르스키와 그의 폴란드 은사들이 표방한 직관주의적 형식주의는 이 삼파전을 배경으로 나온 것이다. 따라서 직관주의적 형식주의가 세 학파에 각각 어떤 입장을 취하는지 캐물을 필요가 있다. 패트릭 수피스(Patrick Suppes)가 이야기하듯 타르스키가 스승 스타니스와프 레시니에프스키(Stanisław Leśniewski)의 직관주의적 형식주의에 공감했다는 사실은 타르스키를 이해하는 데 결정적 단서로 여겨진다(Suppes, 1988: 82).

"직관주의적 형식주의"라는 이름은 그것이 형식주의에 가장 크게 빚지고 있음을 보여 준다. 그런데 의외로 타르스키는 형식주의자 힐베르트와 자신의 입장 사이에 선명하게 선을 그었다. 따라서 타르스키가 힐베르트학파의 어떤 면모에 불만을 품었는지부터 따져야 한다. 먼저 형식주의에 직관주의적 요소를 가미하겠다는 발상 자체에서 그 불만의 수위가 상당히 높았음을 확인할 수 있다. 이는 힐베르트와 브라우어르 사이 끔찍한 갈등 상황에서 브라우어르의 편을 드는 것이었기 때문이다. 그러나 타르스키가 직관주의로부터 어떤 점을 수용하는지는 분명치 않다. 아울러 논리주의를 누락한 이유도 짐작해 보려 노력해야 한다. 아주 잠깐이지만 힐베르트 본인이 [제자 하인리히 베만(Heinrich Behmann)의 영향으로] 논리주의로 전향했던 시기가 있었고, 레시니에프스키와 프레게에 대한 타르스키의 의존도 역시 진지하게 검토해야 하기 때문이다.

논리주의, 형식주의, 지관주의에서 수학적 진리는 어떻게 이해되었는가? 타르스키가 진리 정의를 추구했다는 사실은 세 학파 각각의 관점에서 어떤 의미를 지니는가?

늘 논리주의자로 고려되는 프레게, 러셀 그리고 초기 비트겐슈타인(Ludwig Wittgenstein)은 진리 개념을 어떻게 이해했는가? 한스 슬루가(Hans Sluga)는 이 질문을 살짝 바꿔 이 세 사람에게 지적으로 크게 빚진 카르나프가 왜 그리고 어떻게 타르스키의 의미론적 진리 이론 옹호자로 개종했는지 물었다. 이는 매우 훌륭한 조망점을 제공한다.

힐베르트에게서는 진리와 증명 가능성의 차이를 찾기 어렵다. 형식주의자에게 수학에서의 정리(theorem)란 증명된 명제고, 진리란 정리 이외의 다른 것이 아니기 때문이다. 그런 관점에서 증명 불가능한 진리란 용납할 수 없는 생각이었을 것이다. 괴델이 불완전성 정리를 주장했다는 소식을 듣고 힐베르트가 몹시 화를 냈다는 일화는 그 점을 여실히 보여 준다. 괴델은 1970년경 한 대학원생의 질문에 답하기 위해 쓰고 (줄을 그어 지웠다가) 결국 보내지 않은 편지에서 1930년을 전후한 무렵 "객관적인 수학적 진리 개념은 … 지극히 의심스럽고 의미가 없는 것으로 여겨져 거부되었다"고 주장했다(Gödel, n.d.; 도슨, 2016: 75).

정인교의 설명에 따르면 고전 수학은 그것이 의존하는 고전 논리가 인식초월적 진리 개념으로만 정당화될 수 있기 때문에 수학적 영역에 대한 실재론적 형이상학을 전제한다. 반면 브라우어르의 직관주의는 수학에 대한 관념론을 옹호한다.

> 수학적 대상들은 우리의 정신적 구성물이다. 따라서 이런 정신적 구성물에 관한 진술들에 적용되는 진리 개념은 인식과 독립적일 수 없다. 나아가 수학적 인식은 구성적 증명을 통해 이루어지므로, 수학적 진리 개념은 증명의 실제 구성 혹은 최소한 증명 가능성과 독립적일 수 없다.(정인교, 2013: 152-153)

박창균은 직관주의에서 '크레타인의 거짓말'은 참도 거짓도 아닌 것이 되므로 거짓말쟁이의 역설이 제거되며, 역리를 제거하고 수학의 위기를 해소하는 대안적 측면에서 직관주의가 가장 성공한 셈이라는 흥미로운 지적을 한 바 있다(박창균, 1997: 86-87).

바르샤바의 은사들

극적인 사건 하나가 생물학과에 입학한 새내기 타르스키를 수학과로 전과하게 했다. 타르스키가 레시니에프스키의 집합론 강의에서 소개된 미해결 문제를 풀어 버린 것이다. 당연히 그 결과는 학술지에 게재되었고, 그것이 타르스키가 출판한 첫 논문이었다(Tarski, 1921; Givant, 1999: 47-48). 레시니에프스키가 타르스키의 박사 학위 논문 지도교수이기도 했다는 점까지 감안하면, 이 사건은 운명적이라고 여겨진다.

당시 바르샤바대학교는 이 천재를 거목으로 키워 낼 환상적인 교수진을 갖추고 있었으며, 그들은 선택과 집중을 통해 폴란드의 수학 중흥을 추진하고 있었다. 그들이 선택한 수학 분야는 집합론, 위상수학, 수리논리학 그리고 수학기초론이었고, 그들의 연구 결과는 새로 창간된 국제학술지 ≪수학기초론(Fundamenta Mathematicae)≫을 통해 널리 알려졌다. 수학 교수로는 스테판 마주르키에비치(Stefan Mazurkiewicz), 바클라프 시에핀스키(Waclaw Sierpinski), 카지미에시 쿠라토프스키(Kazimierz Kuratowski)가 있었다. 철학 교수로는 당대 폴란드 철학을 대표하는 레시니에프스키와 얀 루카시에비치(Jan Lukasiewicz)가 있었는데, 두 사람 모두 프란츠 브렌타노(Franz Brentano)의 제자이자 르부프(Lwów)학파의 비조인 카지미에시 트바르도프스키(Kazimierz Twardowski)의 지도로 박사 학위를 받았다.

레시니에프스키는 그 특유의 프로토테틱(protothetic. 제1 원리론), 존재론 그리고 부분-전체의 논리(mereology)로 구성되는 독특한 비정통적 수학기초론 체계를 개발했다. 논리학의 형식화에서 엄밀성을 극도로 추구하고 추상적 존재자들을 거부해 정확하지만 통상적이지 않은 메타논리학에 도달했다. 레시니에프스키의 정확한 사용/언급 구별, 정확한 정의의 규범 그리고 부분-전체의 논리는 널리 채택되지는 못했지만 논리철학과 존재론에 상당한 영향을 미쳤다(Simons, 2020). 타르스키는 레시니에프스키의 유일한 박사 제자였다(레시니에프스키가 종종 자신이 지도하는 박사 과정 학생 '100퍼센트'가 천재라고 자랑했다는 일화는 널리 회자된다).

한편 논리학자인 루카시에비치의 최고 업적은 다치논

리학[many(multiple)-valued logic]을 최초로 엄밀하게 정식화한 일이다. 그러나 루카시에비치는 아리스토텔레스 논리학 연구자로서도 불후의 업적을 남겼고, 나아가 현대 형식논리학 관점에서 논리학사를 조명한 최초의 논리학사가로 평가받는다(Simons, 2021).

당시 바르샤바대학교에는 동료들이 서로 이해하고 존중하는, 보기 드물게 이상적인 환경이 조성되어 있었으며, 수학과 교수들이 논리학에 긍정적인 태도를 갖고 철학 교수들의 강의를 수강하도록 학생들을 격려했다고 한다(Feferman & Feferman, 2004: 35-36). 청년 타르스키는 아마 이런 분위기 덕에 일찌감치 루카시에비치 등 은사들과 공동 연구를 수행하고 논문을 게재할 수 있었을 것이다. 타르스키가 훗날 벗들이나 제자들과 무수한 공저 논문과 저서를 내게 된 배경에는 젊은 시절의 추억과 경험이 크게 작용했을 것이다. 타르스키의 스승 복은 여기서 그치지 않았다. 훗날 타르스키가 학문적으로뿐 아니라 인간으로서 가장 존경하는 스승으로 공언한 타데우시 코타르빈스키(Tadeusz Kotarbiński) 역시 타르스키가 입학하던 해에 철학 교수로 합류했다.

청년 타르스키의 직관주의적 형식주의

더글러스 패터슨(Douglas Patterson)은 타르스키의 논리학과 언어철학을 다룬 저서에서 "직관주의적 형식주의"를 다음과 같이 정의한다.

> 그렇다면 "직관주의적 형식주의"는 형식 체계의 요점이 사고의 명석한 표현이라는, 그리고 그러한 체계들은 "규약적-규범적 도식들(conventional-normative schemata)"에 맞춰 사용된 그 표현들이 "화자(話者)들"의 표상적 의도에 얼마나 체계적으로 잘 들어맞는지에 기초해 "적절한" 것으로 판정되어야 한다는 견해다.(Patterson, 2012: 23)

이어 패터슨은 직관주의적 형식주의의 주요 주장으로 다음 다섯 가지를 꼽았다.

① 언어를 화자의 의도를 통해 사고를 표현하는 매체로 이해함.

② 언어가 올바르게 사용될 때 어떤 주어진 문장의 사용으로 어떤 사고가 표현되는지 결정하는 것으로서 언어의 규약 개념.

③ 규약들이 주어졌을 때, 공리들과 정리들을 관계자들에게 참으로 여겨진다는 의미에서 주장 가능한 문장들로 보는 개념.

④ 한 용어의 직관적 의미나 내용을 전통 논리학의 내포로 보는 개념.

⑤ 이론 구성에서 한 이론의 용어들에 직관적 의미를 부여하는 것을 제한하는 정리들을 함축해 원초적인 것들의 해석을 가능한 한 크게 제한한다는 목표.

(Patterson, 2012: 43)

이러한 직관주의적 형식주의는 과연 어떻게 청년 타르스키의 작업과 연결되는가? 패터슨은 이에 대해서도 윤곽을 잡아 주는데, 요약하면 다음과 같다. 타르스키는 "우리의 사고와 관념이 어떻게 공리적 이론 또는 '연역적 과학' 내에서 적절히 표현될 수 있는가?"라는 문제에 관심을 보였다. 이는 레시니에프스키 작업의 핵심 주제였다. 다시 말해 타르스키는 후속 작업으로 "어떻게 공리적 이론들에 대한 사고에 사용되는 귀결, 진리, 지칭과 같은 기본 개념들 자체가 공리적 이론에서 직관주의적 형식주의의 표준에 맞게 포착될 수 있는지 탐구하는 과제"를 스스로 설정했다(Patterson, 2012: 3).

참고문헌

박우석(2014). "타르스키의 논리적 귀결 정의의 역사적 배경". ≪논리연구≫, 17(1), 33-69쪽.

박창균(1997). "직관주의". ≪한국수학사학회지≫, 10(2), 82-88쪽.

정인교(2013). "직관주의적 진리개념". ≪철학연구≫, 102, 151-185쪽.

Betti, A.(2008). Polish Axiomatics and its Truth: On Tarski's Leśniewskian Background and the Ajdukiewicz Connection. In Patterson, D.(ed.). *New Essays on Tarski and Philosophy*, pp. 44-71. Oxford: Oxford University Press.

Dawson Jr., J. W.(1997). *Logical Dilemmas: The Life and Work of Kurt Gödel*. Wellesley, MA: A. K. Peters. 김병한 외 옮김(2016). ≪논리적 딜레마: 쿠르트 괴델의 생애와 업적≫. 경문사.

Feferman, S. & Feferman, A.(2004). *Alfred Tarski: Life and Logic*. Cambridge: Cambridge University Press.

Givant, S.(1999). Unifying Threads in Alfred Tarski's Work. *The Mathematical Intelligencer, 21*(1), pp. 47-58.

Gödel, K.(n.d.). Letter to Yossef Balas(발라스의 문의 편지 날짜는 1970년 5월 27일). 존 도슨 주니어 지음, 김병한 외 옮김(2016). ≪논리적 딜레마: 쿠르트 괴델의 생애와 업적≫, 341쪽. 경문사.

Hansen, C. S.(2015). Brouwer's Conception of Truth. *Philosophia Mathematica, 24*(3), pp. 379-400.

Mancosu, P.(2021). Logic and Biology: The Correspondence Between Alfred Tarski and Joseph H. Woodger. *Journal of Humanistic Mathematics, 11*(2), pp. 18-106.

Murawski, R. & Wolenski, J.(2008). Tarski and his Polish Predecessors on Truth. In Patterson, D.(ed.). *New Essays on*

Tarski and Philosophy, pp. 21–43. Oxford: Oxford University Press.

Patterson, D.(2012). *Alfred Tarski: Philosophy of Language and Logic*. Palgrave Macmillan.

Simons, P.(2020). Stanisław Leśniewski. *Stanford Encyclopedia of Philosophy*. https://plato.stanford.edu/entries/lesniewski/

Simons, P.(2021). Jan Łukasiewicz. *Stanford Encyclopedia of Philosophy*. https://plato.stanford.edu/entries/lukasiewicz/

Suppes, P.(1988). Philosophical Implications of Tarski's Work. *The Journal of Symbolic Logic*, *53*(1), pp. 80–91.

Tarski, A.(1921). Przyczynek do aksjomatyki zbioru dobrze uporzqdkowanego(A contribution to the axiomatics of well-ordered sets). *Przegląd Filozoficzny(Revue Philosophique)*, *24*, pp. 85–94.

02
거짓말쟁이 역설

타르스키는 왜 1933년 논문에서 진리 개념을 정의하려 했을까? 여러 답이 제시되었지만, 그중 가장 중요한 동기로 꼽히는 것이 거짓말쟁이 역설 문제의 해결이다. 타르스키는 그 역설을 초래하는 원인을 어떻게 진단했고, 어떤 해결책을 처방했는가? 당시 논리학과 수학기초론 그리고 철학은 왜 그 문제의 해결을 절실히 요구했을까?

진리 정의의 동기

타르스키가 1933년 논문에서 진리를 정의하려 한 동기를 둘러싸고 실로 다양한 해석이 존재한다. 포퍼처럼 진리대응설을 부활시키는 것이 근본 동기였다고 해석하기도 하고, 하트리 필드(Hartry Field)처럼 물리주의(physicalism. 세계가 기본적으로 물리학이 말해 주는 바와 같다는 입장)가 비의미론적 용어로 진리를 정의하려 한 데 추동력을 제공하려는 의도였다고 주장하기도 한다. 수학자들에게는 타르스키의 모델론 구축 과정에서 진리가 어떻게 정의되었는지가 가장 중요할 것이다. 거짓말쟁이 역설을 비롯한 의미론적 역설들을 해결하는 것이 무엇보다 중요한 동기였다는 해석 또한 매우 유력하다. 이 다양한 해석들은 각각 일말의 진리를 담고 있어 타르스키의 동기를 이해하는 데 도움이 된다.

그렇다면 타르스키 자신은 어떤 단서를 제공했을까? 타르스키의 논저 중 가장 널리 읽히고 논의된 것은 "의미론적 진리 개념(The Semantic Conception of Truth and the Foundations of Semantics)"이다(Tarski, 1944). 이 논문은 크게 두 부분으로 나뉜다. 전반부는 자신의 진리 개념에 대한 평이한 해설을, 후반부는 비판자들에 대한 응수를 목표로 삼는다. 그런데 전반부 논의에서 진리 정의의 동기와 관련해 가장 두드러지는 것은 거짓말쟁이 역설을 비롯한 의미론적 역설들의 문제다. 물론 이 논문 도입부에서 타르스키는 아리스토텔레스의 고전적 정의와 진리대응설을 언급하지만, 타르스키가 진리대응설의 복권을 목표로 진리 정의를 추구했다고 보기에는 논의가 지나치게 빈약하다. 물리주의에 대한 논의 역시 후반부에서 오해와 비판에 답하며 등장할 따름이므로 그것을 타르스키의 기본 동기로 보기는 어려울 듯하다. 결국 거짓말쟁이의 역설에서 출발해 논의를 풀어 가면서 수리논리학과 수학기초론에서 의미론적 개념들의 정의 문제를 부각하고, 궁극적으로 과학적 의미론 정립을 도모하려는 것이 타르스키 진리 정의의 동기로 보인다.

타르스키는 "참"이라는 술어의 외연과 의미를 논의하고, 진리 정의의 실질적 적절성(material adequacy) 기준을 논한다. 그다음 본격적으로 진리를 지시(designation), 만족, 정의 등과 마찬가지로 의미론적 개념으로 규정하면서 자신의 진리 정의 문제가 이론적 의미론의 토대를 세우는 더 일반적인 문제와 밀접하게 연관된다는 점을 지적한다. 이어 타르스키는 의미론이 상당한 의혹을 받아 왔다는 점, 그리고 그러한 의혹이 제기되는 데는 합당한 이유가 있다는 점을 인정한다. 일상언어에서는 의미론적 개념들의 의미가 분명하게 이해되지만, 그 의미를 일반적이고 정확한 방식으로 규정하려는 시도는 역사적으로 실패했기 때문이다. 타르스키는 설상가상으로 의미론적 개념들이 포함된 다양한 논증들이 빈번히 역설로 이어졌다는 점을 지적하면서 쥘 리샤르(Jules Richard)의 정의 가능성 역설, 쿠르트 그렐링(Kurt Grelling)과 레너드 넬슨(Leonard Nelson)의 비자기기술적 용어[heterological terms. '한국어'라는 단어는 한국어이지만, '길다'라는 단어는 길지 않다. 전자 같은 단어들을 자기기술적(autological)이라고 하고, 후자 같은 단어들을 비자기기술적이라고 한다] 역설과 더불어 거짓말쟁이 역설의 문제를 논의한다(Tarski, 1944: 346).

타르스키의 해결책

진리 정의의 형식적 적절성을 성취하려면 정의가 주어질 언어의 형식 구조를 더 일반적으로 기술해야 한다(Tarski, 1944: 342). 그 큰 맥락에서 거짓말쟁이 역설은 어떤 역할과 기능을 할까? 우선 진리 정의가 주어질 언어의 구체적 조건들을 포착하는 데 단서 역할을 한다. 타르스키는 다음과 같이 거짓말쟁이 역설의 한 판본을 사례로 든다.

이 논문 347쪽 서른한째 줄에 인쇄된 문장은 참이 아니다.

타르스키는 이 문장을 '*s*'라는 문자로 약칭하고 규약 T의 형식에 맞춰 다음과 같은 동치 관계를 주장한다.

① '*s*'는 이 논문 347쪽 서른한째 줄에 인쇄된 문장이 참이 아닐 때, 그리고 오직 그럴 때만 참이다.

타르스키는 기호 '*s*'의 의미를 염두에 두고 다음 사실을 경험적으로 확립한다.

② '*s*'는 이 논문 347쪽 서른한째 줄에 인쇄된 문장과 동일하다.

이어 타르스키는 동일성 이론에서 온 친숙한 법칙[라이프니츠(Leibniz)의 법칙]에 의해 ①에서 '이 논문 347쪽 서른한째 줄에 인쇄된 문장'이라는 표현을 '*s*'라는 기호로 대치할 수 있다고 지적한다. 따라서 우리는 다음과 같은 명제를 얻는다(Tarski, 1944: 347-348).

③ ‘*s*’는 ‘*s*’가 참이 아닐 때, 그리고 오직 그럴 때만 참이다.

타르스키는 거짓말쟁이 역설을 비롯한 역설들을 농담이나 궤변으로 취급하면서 그 중요성을 폄하하는 것은 잘못이자 위험한 일이라고 주장한다. 아울러 역설의 발생 원인을 발견하기 위해 그 전제들을 분석하고, 그중 최소한 하나를 물리쳐야 하며, 그 전제가 연구 전체에 미치는 귀결을 조사해야 한다고 말한다. 그리하여 타르스키는 우리를 역설에 빠지게 하는 암묵적 가정들 중 “진리 술어의 적절한 용법을 결정하는 모든 문장이 주어진 언어 내에서 주장될 수 있다는 것”을 문제시한다(Tarski, 1944: 348-349).

타르스키는 의미론적으로 닫힌 언어가 역설을 초래한다고 진단하며, 그것을 회피할 방안으로 대상언어와 메타언어의 구별을 도입한다. 대상언어는 우리가 그것에 “관해 이야기하는” 언어다. 메타언어는 그 안에서 우리가 대상언어에 “관해 이야기하는” 언어다. 우리는 메타언어로 대상언어를 위한 진리 정의를 구성하려 한다. 언어의 위계에서 어떤 한 언어는 하위언어에 대해서는 메타언어인 동시에 상위언어에 대해서는 대상언어일 수 있으므로 대상언어와 메타언어의 구별은 상대적일 뿐이다(Tarski, 1944: 349).

규약 T

진리 관념과 관련해 타르스키가 해결하려던 주요 문제는 "진리 관념에 대한 만족스러운 정의, 즉 실질적으로 적절하고 형식적으로 올바른 정의를 제시하는 것"이었다(Tarski, 1933/1983: 152; Tarski, 1944: 341). 그 목적을 이루기 위해 진리 술어를 구성하는 일에 대한 타르스키의 가장 기본적인 아이디어는 진리 술어가 "규약 T"를 만족해야만 한다는 것이었다(Tarski, 1983: 155; Tarski, 1944: 342-343; Gómez-Torrente, 2023).

> 규약 T: 메타언어 내에서 정식화되는 기호 "Tr"의 형식적으로 올바른 정의는 메타이론의 형식 체계가 다음 귀결들을 갖는다면 진리의 적절한 정의로 불릴 것이다.
>
> (α) '만일 p이면, 그리고 오직 그럴 때만 $Tr(x)$다'라는 표현에서 기호 'x'에 해당 언어의 임의의 문장의 어떤 구조적·기술적 이름을 대입하고, 기호 'p'에 이 문장을 메타언어로 번역하는 표현을 대입함으로써 얻어지는 모든 문장.
>
> (β) '임의의 x에 대해, 만일 $x \in Tr$이면 $x \in S$다'(다시 말

해 '$Tr \subseteq S$'다)라는 문장.(Tarski, 1983: 187-188)

정의의 형식적 올바름이란 그저 그 정의가 모든 x에 대해 '$True(x)$면, 그리고 오직 그럴 때만 $\phi(x)$' 형식(T-도식)의 문장이어야 한다는 조건을 말하고, 여기서 $True$는 ϕ 안에 등장하지 않아야 한다. 윌프리드 하지스(Wilfrid Hodges)가 지적했듯 이런 형식의 정의는 명시적 정의라고 불린다(Hodges, 2022).

규약 T가 제시하는 정의의 실질적 적절성 기준은 우리가 직관적으로 ϕ를 만족하는 대상들을 정확히 언어 L의 참인 문장들로 취급할 수 있어야 하고, 이 사실이 메타언어의 공리들로 증명 가능해야 함을 말한다. 타르스키 자신과 하지스가 지적하듯, 언어 L이 그 자신의 의미론을 이야기하기에 충분할 만큼 풍부한 언어라면 규약 T는 단박에 거짓말쟁이 역설에 빠진다(Hodges, 2022). 따라서 규약 T에 대한 논의는 필연적으로 대상언어와 메타언어의 구별 그리고 언어의 위계에 대한 타르스키의 주장들과 한데 얽혀 있다.

규약 T에 대한 철학적 논의가 생각만큼 활발하지 않다는 것은 다소 놀랍다. T-도식의 모든 사례가 각각 진리의 부분적 정의일 뿐 진리의 정의는 되지 못한다고 볼 때, 문제 될 소지가 있는 것은 규약 T에 따른 진리 정의의 적절성 기준이 충분조건인 동시에 필요조건인지 여부다. 다시 말해 그 정의는 해당 언어가 T-도식의 사례인 모든 쌍조건문을 함축할 때, 그리고 오직 그럴 때만 적합한가? 패터슨에 따르면 다수설은 적합성 기준이 충분조건이자 필요조건이라는 주장이다. 반면 패터슨은 1953년 타르스키가 저서 ≪결정 불가능한 이론들(Undecidable Theories)≫에서 그런 주장을 전혀 하지 않았고, 필요조건 해석은 진리 정의의 불가능성이나 불완전성 결과들에 대한 논의에서 전혀 필요하지 않기 때문에 물리쳐야 한다고 주장한다(Patterson, 2006). 그러나 진리 정의가 적합성 기준을 만족하려면 최소한 임의의 T-도식 사례가 만족되어야 한다는 생각은 직관적으로 받아들여질 만하므로 패터슨의 주장은 다소 작위적으로 보이고, 그런 까닭인지 거의 논의 대상이 되지 못하고 있다.

참고문헌

송하석(2019). ≪거짓말쟁이 역설에 관한 탐구≫. 아카넷.

David, M.(2008). Tarski's Convention T and the Concept of Truth. In Patterson, D.(ed.). *New Essays on Tarski and Philosophy*, pp. 133–156. Oxford: Oxford University Press.

Field, H.(1972). Tarski's Theory of Truth. *The Journal of Philosophy, 69*, pp. 347–375.

Field, H.(2008). *Saving Truth from Paradox*. Oxford: Oxford University Press.

Gómez-Torrente, M.(2023). Alfred Tarski. *Stanford Encyclopedia of Philosophy*. https://plato.stanford.edu/ENTRIES/tarski/

Hodges, W.(2022). Tarski's Truth Definitions. *Stanford Encyclopedia of Philosophy*. https://plato.stanford.edu/Entries/tarski-truth/

Martin, R. L.(ed.)(1984). *Recent Essays on Truth and the Liar Paradox*. Oxford: Clarendon Press.

Parsons, C.(1974). The Liar Paradox. *Journal of Philosophical Logic, 3*. Reprinted in Martin, R. L.(ed.)(1984). *Recent Essays on Truth and the Liar Paradox*, pp. 9–45. Oxford: Clarendon Press.

Patterson, D. E.(2006). Tarski on the Necessity Reading of Convention T. *Synthese, 151*, pp. 1–32.

Sher, G.(2023). A New Defense of Tarski's Solution to the Liar Paradox. *Philosophical Studies, 180*, pp. 1441–1466.

Tarski, A.(1933). The Concept of Truth in Formalized Languages. In Tarski, A.(1983). *Logic, Semantics, Metamathematics*, pp. 152–278. Hackett.

Tarski, A.(1944). The Semantic Conception of Truth and the Foundations of Semantics. *Philosophy and Phenomenological Research, 4*, pp. 341-376.

Uebel, T.(2007). *Empiricism at the Crossroads: The Vienna Cicle's Protocol-Sentence Debate.* Chicago & LaSalle, Illinois: Open Court.

03
타르스키와 괴델

타르스키의 정리는 그의 1933년 논문에서 증명되었다. 그런데 1931년에 나온 괴델의 불완전성 정리는 타르스키의 정리를 암묵적으로 전제한다. 대상언어와 메타언어의 구별에 따른 언어 위계와 규약 T를 논의하면서 이 두 정리의 관계를 좀 더 따져 볼 필요가 있다. 타르스키와 괴델이 거짓말쟁이 역설을 다루며 드러낸 차이에서 그 단서를 찾을 수 있을 것이다.

타르스키의 괴델 콤플렉스

괴델과 타르스키가 빈 기차역에서 함께 찍은 사진은 현대 수리논리학의 역사 전체를 되돌아보게 하는 상징성을 띤다. 타르스키는 한스 한(Hans Hahn)과 더불어 빈학파의 대표적 수학자였던 카를 멩거(Karl Menger)의 초청을 받아 그의 수학 컬로퀴엄에서 세 차례에 걸쳐 강연하기 위해 1930년 2월 빈을 처음 방문한다. 첫 번째 강연 주제는 집합론, 두 번째 강연 주제는 논리학, 세 번째 강연 주제는 루카시에비치의 3치논리학 등 바르샤바 논리학자들이 뚜렷한 성과를 낸 명제논리학이었다. 수줍음을 잘 타는 것으로 알려진 괴델은 자신의 학위 논문 내용을 자세히 설명하기 위해 멩거에게 타르스키와 사적으로 만날 자리를 주선해 달라고 특별히 요청했다고 한다. 페퍼먼 부부(Solomon Feferman, Anita Burdman Feferman)는 한껏 상상력을 발휘해 이 운명적 만남을 다음과 같이 묘사했다.

> 원기 왕성하고, 콧대 높고, 노련한 스물여덟 살의 사내 타르스키가 손에 담배를 꼬나들고 카페 라이히스라트(Cafe Reichsrat)의 테이블에 앉아 다섯 살 연하의 연약하고 금욕적인 괴델이 자신이 어떻게 결정적 결과에 도달했는지 신중하

> 게 설명하는 것을 초집중하며 따라가고 있다.(Feferman & Feferman, 2004: 82)

괴델과 타르스키는 줄곧 비교되게 마련인 운명이지만, 그들의 전기 작가들은 강박증이라 할 만큼 두 인물이 극단적으로 대조된다는 사실을 부각하는 데 몰두한다. 실제로 페퍼먼 부부는 타르스키 전기의 첫 페이지에서부터 그러한 태도를 드러냈다.

> 은둔적이고 탈속적인 괴델과 달리, 타르스키는 그의 근본적 업적뿐 아니라 논리학 분야를 열정적으로 진흥하기, 주제와 자신을 동일시하기 그리고 카리스마 넘치는 교육으로 철두철미하게 '위인'의 역할을 감당했다.(Feferman & Feferman, 2004: 1)

그러나 그러한 극적 대조의 의도가 성공적으로 실현되었는지는 의문이다. 괴델과 타르스키의 대비를 좀 더 부각하려면 괴델이 단 한 사람의 제자도 키워 내지 못한 반면 타르스키는 수학자 계보(mathematical genealogy) 데이터베이스에 27명의 박사 제자와 1322명의 박사 손주를 배출했다고 나와 있음을 강조하는 편이 더 효과적일지도 모른다.

아니면 가슴 아픈 일이지만 두 사람의 죽음을 대조하는 편이 더 시사적일지도 모른다. 괴델은 평생 여러 차례에 걸쳐 정신 질환으로 병원 신세를 졌고, 결국 편집증과 거식증 그리고 치료 거부 탓에 공식적으로는 "성격 장애에 기인한 영양실조와 기아"가 원인이 되어 약 29킬로그램의 체중으로 세상을 떠났다(Dawson, 1997: 309). 반면 타르스키의 임종은 아내 마리아와 충직한 학생들, 친구들 그리고 동료들이 지켰다고 한다(Feferman & Feferman, 2004: 378).

괴델과 타르스키의 이 모든 대조적 면모는 너무도 처절하게 외로운 괴델과 한없이 행복한 타르스키의 대비로 요약되는 듯한 인상을 줄 수 있다. 그럼에도 타르스키가 평생토록 괴델 콤플렉스에 시달린 것으로 보인다는 사실을 잊어서는 안 된다. 페퍼먼 부부에 따르면 타르스키는 창조적 연구에 매진해야 할 한창 젊은 시절에 너무나 많은 에너지를 돈 버는 일에 소모해야 했던 데 분개했으며, 부유한 동료들이 모든 시간을 연구에 쏟아붓는 사치를 부리는 동안 자신은 처자를 부양하고 재정난을 겪는 부모님을 돕느라 두 직업을 겸직해야만 했다고 술회했다(Feferman & Feferman, 2004: 85). 간발의 차이로 월계관을 놓친 아픔을 이해할 수 있는 사람은 그리 많지 않을 것이다.

타르스키의 정리: 왜 선후 논쟁이 일어나지 않았을까?

'타르스키의 정리'로 널리 불리는 것은 대상언어(예를 들어 어떤 자연언어) 내에서 진리의 정의 불가능성 정리다.

> 정리 I. (β) 메타이론의 모든 증명 가능한 문장으로 이루어진 집합이 일관적이라고 가정할 때, 그 메타이론에 기초해 규약 T의 의미에서 진리의 적절한 정의를 구성하는 일은 불가능하다.(Tarski, 1933: 247)

이 정리를 증명하려면 언어에 진리 술어를 도입하기 위한 조건인 규약 T를 설정하고 그것을 만족시키는 것이 불가능하다는 점, 즉 그 언어에 진리 술어를 도입하는 일이 불가능함을 증명해야 한다. 아울러 규약 T를 설정하려면 우선 대상언어와 메타언어의 구별에 토대해 언어의 위계 개념을 도입해야 한다. 간단히 말해 메타언어는 대상언어에 관해 이야기하기 위해 도입되는 언어다.

타르스키는 자신의 증명에 대해 설명하면서 괴델의 방법에 빚졌음을 명시했다(Tarski, 1933: 247; Murawski, 1998: 153-154). 동시에 타르스키는 자신의 증명이 괴델의 연구와 독립적으로 이루어졌음을 강조했다(Tarski, 1933: 277; Murawski, 1998: 154). 자신의 성과가 괴델의 성과보다 앞선다고 주장한 적은 물론 당연히 없다(Tarski, 1933; Murawski, 1998: 154). 괴델 역시 자신의 불완전성 정리가 타르스키의 정리를 암묵적으로 전제한다고 인정한다. 또한 자신과 타르스키의 연구가 독립적으로 이루어졌다는 것도 인정한다(Givant, 1991: 25; 도슨, 2016: 76). 그렇다면 이제 남은 문제는 괴델이 왜 불완전성 정리를 증명한 1931년 논문에서 타르스키의 정리를 언급하지 않았는가다.

1930년 2월 타르스키가 빈에서 강연할 때 괴델은 타르스키와의 특별 면담을 요청했고, 그들은 대단히 생산적인 학문적 교류를 한 것이 틀림없다. 그러나 도슨이 강조하듯 괴델의 불완전성 정리 증명의 아이디어가 괴델 자신의 것이라는 데는 의심의 여지가 없다(도슨, 2016: 79-80). 결국 괴델이 타르스키보다 타르스키 정리의 함축과 활용 방안에 대해 더 기민했다는 추정이 가능해 보인다. 아울러 괴델이 이 문제를 거론하지 않은 까닭도 선후(priority) 문제를 우려해서라기보다는 진리 개념 자체의 사용과 논의에 의구심을 품던 당시 학계의 분위기에서 찾는 편이 온당해 보인다.

타르스키의 정리와 괴델의 불완전성 정리

괴델이 한 대학원생에게 보낸 편지에는 요긴한 그의 생각이 다음과 같이 담겨 있다.

> 진리와 입증 가능성을 비교한 것은 모델론을 통해 산술에서 해석학의 상대적 무모순을 증명하려던 시도 때문이다. 이 시도는 필연적으로 그러한 비교를 이끈다. 해석학의 산술적 모델은 다름 아닌 다음의 내포 공리(Comprehension Axiom)를 만족하는 산술적 $\in$-관계 모델이다.
>
> $$(\exists n)(x)[x \in n \equiv \Phi(x)].$$
>
> 여기서 "$\Phi(x)$"를 "$\Phi(x)$가 증명 가능하다"로 바꾸면 이러한 $\in$-관계는 쉽게 정의된다. 따라서 만일 진리와 증명 가능 두 개념이 동치라면 우리는 원하는 바를 이룬 것이다. 한편 (여기에 방점이 찍힌다) 의미론적 역설(paradox)들의 **바른** 해결로 인해, 임의의 언어에서 그 명제들의 "진리성"은 같은 언어로는 **기술할 수 없다**는 것을 알 수 있다. 하지만 증명 가능성은 (산술적 관계로) **정의 가능**하다. 따라서 진리성과 증명 가능성은 동치가 아니다.(Gödel, n.d.; 도슨, 2016: 78)

이 편지는 괴델이 1970년대에 이르러 40년 전의 일을 회상하면서 쓴 편지이므로, 20세기 중반 수리논리학에서 이루어진 발전이 반영된 표현들이 등장해 이해하기 쉽다. "임의의 언어에서 그 명제들의 '진리성'은 같은 언어로는 기술할 수 없다는 것"은 다름 아닌 타르스키 정리의 내용이고, "증명 가능성은 (산술적 관계로) 정의 가능하다"는 바로 괴델 자신이 증명한 것이다.

타르스키의 1933년 논문은 원래 폴란드어로 쓰였지만 1935년의 독일어 판본으로 널리 알려지기 시작했다. 의사이자 생물학자로서 생물학에서의 공리적 방법을 연구한 조지프 헨리 우저(Joseph Henry Woodger)가 1956년 이 논문을 포함해 타르스키가 1923~1938년에 내놓은 모델론의 주옥같은 논문들을 영역했다. 그렇게 펴낸 논문집 ≪논리학, 의미론, 메타수학(Logic, Semantics, Metamathematics)≫은 수리논리학 사가들에게 복음과도 같았다. 이 책은 존 코코란(John Corcoran)의 꼼꼼한 편집을 거쳐 1983년 개정판이 나왔고, 그 기회에 상세한 주석이 다수 추가되었다. 타르스키의 진리 정의 논문은 최근 폴란드어 원문과 독일어 판본이 영어로 새롭게 번역되었고(Tarski, 2002) 자세한 주해서까지 나왔다(Gruber, 2016).

괴델의 불완전성 정리와 타르스키의 정리 사이 상관

관계는 역사적·철학적으로 가장 중요한 논점 중 하나다. 따라서 타르스키가 어느 단계에서 괴델에게 빚졌는지에 좀 더 천착할 필요가 있다. 이때 주목해야 하는 것이 바로 1956년 영역본이 나올 때 타르스키가 논문 말미에 추가한 역사적 각주다. 타르스키는 딱 하나를 제외하고 자신의 결과가 1929년 독립적으로 얻어졌다고 주장한다. 그 유일한 예외에 대한 논의는 논문 영역본 247쪽의 각주에 나오는데, 여기서 타르스키는 자신이 괴델의 방법에 빚졌음을 명시한다. 그 방법이란 다름 아닌 '괴델수 부여 방법(Gödel numbering. 형식적 이론의 논항, 정식 그리고 증명들에 특정 자연수들을 할당하는 기계적 방법)'으로 보인다(Tarski, 1983: 277-278).

참고문헌

Dawson Jr., J. W.(1997). *Logical Dilemmas: The Life and Work of Kurt Gödel.* Wellesley, MA: A. K. Peters. 김병한 외 옮김(2016). ≪논리적 딜레마: 쿠르트 괴델의 생애와 업적≫. 경문사.

Feferman, S.(1999). Tarski and Gödel: Between the Lines. In Wolenski, J. & Köhler, E.(eds.). *Alfred Tarski and the Vienna Circle*, pp. 53–63. Dordrecht.

Feferman, S. & Feferman, A.(2004). *Alfred Tarski: Life and Logic.* Cambridge: Cambridge University Press.

Givant, S.(1991). A Portrait of Alfred Tarski. *Mathematical Intelligencer, 13*, pp. 16–32.

Givant, S.(1999). Unifying Threads in Alfred Tarski's Work. *The Mathematical Intelligencer, 21*(1), pp. 47–58.

Gödel, K.(n.d.). Letter to Yossef Balas(발라스의 문의 편지 날짜는 1970년 5월 27일). 존 도슨 주니어 지음, 김병한 외 옮김(2016). ≪논리적 딜레마: 쿠르트 괴델의 생애와 업적≫, 341쪽. 경문사.

Gruber, M.(2016). *Alfred Tarski and the "Concept of Truth in Formalized Languages": A Running Commentary with Consideration of the Polish Original and the German Translation.* Switzerland: Springer.

Kennedy, J.(2021). *Gödel, Tarski and the Lure of Natural Language: Logical Entanglement, Formalism Freeness.* Cambridge: Cambridge University Press.

Martin, R. L.(ed.)(1984). *Recent Essays on Truth and the Liar Paradox.* Oxford: Clarendon Press.

Murawski, R.(1998). Undefinability of Truth, The Problem of Priority: Tarski vs Gödel. *History and Philosophy of Logic,*

19, pp. 153–160.
Tarski, A.(1933). The Concept of Truth in Formalized Languages. In Tarski, A.(1983). *Logic, Semantics, Metamathematics.* Woodger, J. H.(trans.). Corcoran, J.(2nd Edition Edit & Introduce). Indianapolis, Indiana: Hackett Publishing Co.
Tarski, A.(1944). The Semantic Conception of Truth and the Foundations of Semantics. *Philosophy and Phenomenological Research, 4*(3), pp. 341–376.
Tarski, A.(2002). On the Concept of Following Logically. Stroinsai, M. & Hitchcock, D.(trans. from the Polish and German). *History and Philosophy of Logic, 23*, pp. 155–196.
Vaught, R. L.(1974). Model Theory before 1945. In Henkin, L. et al.(eds.). *Proceedings of the Tarski Symposium.* Providence, Rhodes Island: American Mathematical Society.
Woleński, J.(1999). Semantic revolution–Rudolf Carnap, Kurt Gödel, Alfred Tarski. *Alfred Tarski and the Vienna Circle*, pp. 1–15. Dordrecht: Kluwer.

수학자 계보 데이터베이스
https://genealogy.math.ndsu.nodak.edu/id.php?id=13347&fChrono=1

04
타르스키-노이라트 논쟁

카르나프는 타르스키의 의미론적 진리 개념을 열렬히 지지했지만, 노이라트는 격렬히 저항했다. 무엇이 문제였을까? 이 질문에 답하려면 논리실증주의자들이 통일과학의 언어를 둘러싸고 벌인 경합에 주목해야 한다. 이 논쟁은 향후 타르스키의 행보뿐 아니라 통일과학 운동의 운명을 포함해 철학계의 판도에 지대한 영향을 미친다.

파리 논쟁과 그 후폭풍

타르스키는 카르나프의 권유로 1935년 파리 학술대회에서 두 편의 논문을 발표했다. 타르스키가 우려한 대로 그의 의미론적 진리 정의는 격렬한 저항에 직면했다. 카르나프는 자서전에 다음과 같이 썼다.

> 놀랍게도 우리 철학적 벗들 측에서조차 격렬한 반대가 있었다. 그래서 우리는 이 논쟁을 위해 학술대회 공식 프로그램에 없는 세션을 추가로 마련했다. 타르스키, 마리아 코코진스카-루트마노바(Maria Kokoszyńska-Lutmanowa) 여사 그리고 내가 한편에, 우리 논적들로 노이라트, 아르네 네스(Arne Næss) 그리고 또 다른 이들이 반대편에 서서 길고도 열띤 논쟁을 벌였다. 노이라트는 의미론적 진리 개념이 엄격하게 경험론적이고 반(反)형이상학적인 관점과 화해할 수 없다고 믿었다. 유사한 반론들이 훗날 펠릭스 카우프만(Felix Kaufmann)과 한스 라이헨바흐(Hans Reichenbach)의 출판물들에서 제기되었다.(Carnap, 1963: 61)

이때 카르나프는 그 반론들이 의미론적 진리 개념에 대한 오해에서 비롯되었다고 여기고 오해를 해소하기 위해 노력했을 뿐, 노이라트 등 논리실증주의자 동료들이 왜 타르스키의 진리 정의에 그토록 강하게 반발하는지 전혀 이해하지 못했던 것으로 보인다.

설상가상으로 노이라트는 학술지 ≪에르켄트니스(Erkenntnis)≫에 학회 내용을 보고하면서[*Erkenntnis*, *5*(6), 388-389] 타르스키의 질문보다 카르나프의 답변을 훨씬 비중 있게 다룬다. 이에 격분한 타르스키가 노이라트에게 항의성 편지를 보내면서 두 사람 사이 감정의 골이 깊어진다. 타르스키 사후 아들 얀 타르스키가 서류 더미에서 부친이 노이라트에게 보낸 세 통의 편지를 발견해 1992년 출판한 덕에 우리는 타르스키가 당시 상황을 어떻게 파악했는지 짐작할 수 있다. 그 세 통의 편지는 각각 1936년 4월, 6월, 9월에 작성되었다. 앞의 두 편지는 긴장감이 감돌긴 하지만 빈학파와 바르샤바학파 사이 경쟁적이면서 우호적인 분위기가 느껴진다. 가장 길고, 논쟁적이고, 감정이 실린 탓에 가장 풍부한 정보를 제공하는 것은 9월에 작성된 마지막 편지다(Tarski, 1992).

여기서 타르스키는 노이라트가 자신의 의미론에 대해 제기한 날선 비판의 논점들과 그것들을 둘러싼 바르샤바학파와 빈학파의 영향 관계에 대해 간략하면서도 단호하게 자신의 입장을 개진한다. 문장들에 대한 문장의 정당성

여부, 어떤 언어에 대해 오류 없는 방식으로 이야기할 수 있는 조건들의 분석, 언어에 대한 체계적 연구(통사론과 의미론)의 시작 등이 그 논점들이다. 그중 의미론적 표현들은 메타언어 사용과 관련해 띠는 그 상대적 성격 때문에 언제나 특정 언어와 관련되어야 하며, 따라서 대상언어와 메타언어의 구별이 필수적이라는 주장은 매우 중요하다.

노이라트의 타르스키 비판 재검토

카르나프의 안이한 낙관과 달리 노이라트와 타르스키의 사상은 양립할 수 없고, 노이라트 입장에서는 타르스키의 접근 방식을 도저히 받아들일 수 없었다는 해석은 상당히 설득력 있다. 토마스 모르만(Thomas Mormann)은 노이라트가 애당초 의미론이 경험주의 프로그램에 전혀 보탬이 되지 않는다는 선입관을 갖고서 "타르스키를 마치 자신의 철학적 절친 카르나프로 하여금 유덕한 경험주의 노선을 버리고 아리스토텔레스적 형이상학의 악덕에 중독되도록 유혹해 방황하게 하는 악령처럼 취급했다"고 본다(Mormann, 1999: 165). 이러한 묘사는 타르스키와 노이라트 사이에 도저히 메울 수 없는 간극이 있었다는 점을 짐작하게 하므로, 우리는 두 사람의 견해가 어떤 쟁점을 놓고 그토록 갈렸는지 궁금해할 수밖에 없다.

논리실증주의자들 중 특히 비트겐슈타인의 영향하에 있던 이들은 언어에 대해 이야기하는 것 자체가 불가능하다는 입장을 취했다. 따라서 애당초 타르스키의 모델론적 진리 정의의 발상 자체를 배격했을 수 있다. 그러나 노이라트는 그들 중 하나가 아니었다. 타르스키가 제시한 진리 개념의 의미론적 정의는 형식언어와 언어의 위계를 전제하며, 이에 따르면 보편성을 띠는 일상언어에서 진리를 정의하는 것은 불가능하다. 그런데 타르스키 이론의 이러한 귀결은 통일과학의 언어와 방법에 대한 노이라트의 견해와 정면충돌한다. 여영서는 카르나프의 피라미드 통일과학과 노이라트의 백과전서 통일과학을 대조하면서 "발룽엔(Ballungen)" 개념을 중심에 두는 노이라트의 독특한 언어관을 소개한다.

> 우리의 경험을 기술하는 일상언어 표현은 어쩔 수 없이 부정확하고 분석되지 않은 용어들을 포함하는데, 노이라트는 그 용어들을 가리켜 발룽엔이라고 부른다. 노이라트는 물리주의의 언어와 더불어 발룽엔을 포함한 일상언어가 과학의 언어로 사용된다는 점을 강조하는데, 그것은 발룽엔을 포함한

일상언어 표현이 비록 불완전하지만 과학자들의 과학 탐구가 현실과 동떨어진 이론 수준의 작업이 아닐 수 있게 하기 때문이다.(여영서, 2012: 218)

그렇다면 노이라트가 타르스키를 비판한 주요 논점은 무엇이었을까? 그 논점들은 "발룽엔" 개념을 통해 여실히 드러나는가? 모르만을 좇아 다음과 같은 노이라트의 논의에 주목해 보자.

아마도 우리는 발룽엔에서 "공식들"로 인도되는 일련의 중간 단계들을 가정해야 할 것이다. 우리가 어떤 "발룽(Ballung)"에 요구하는 것은 어떻게든 그것에 대응하는 하나의 "공식"을 만들 수 있어야 한다는 점이다.… 백과사전주의자의 특징적 면모 중 하나는 공식들의 닫힌 체계를 진술들의 집합체에 대한 모델로 사용하거나 생각하려는 유혹에 굴복하지 않으면서 복잡한 상호 관계를 맺는 발룽엔과 "과학적 공식들" 사이 차이를 끊임없이 의식하고 있다는 것이다.(Neurath, 1981: 728; Mormann, 1999: 172-173)

모르만에 따르면 노이라트는 공식들의 닫힌 체계를 진술들의 집합체에 대한 모델로 사용하는 것이 사이비 합리주의자의 과장이라고 봤다. 나아가 모르만은 노이라트가 발룽엔의 중요한 역할을 강조한 것이 "왜 그가 의미론이 오직 (해석된) 계산(calculi)에만 적용될 뿐 실제 과학의 언어로서 보편적 특수용어(Jargon)에는 적용되지 않는다고 여겼는지" 충분히 설명해 준다고 본다. 게다가 대상언어와 메타언어의 구별은 보편적 특수용어에 적용되지 않는다고 말한다(Mormann, 1999: 173).

철학자 타르스키의 철학 알레르기

타르스키는 노이라트의 발룽엔 개념과 그것에서 비롯하는 자신과 노이라트 사이 메우기 어려운 간극을 인지했을까? 모르만은 이에 대해 상당히 회의적이다.

타르스키는 철학적 문세에 대한 자신의 견해를 활자화하거나 공식 석상에서 발표하는 일을 극도로 삼갔다. 왜 그랬을까? 노이라트와의 논쟁이 악몽 같은 기억으로 남았기 때문일까? 그럴 가능성이 농후하지만, 우리는 여전히 그 이유를 캐물을 수 있다. 예컨대 그레그 프로스트아널드(Greg Frost-Arnold)처럼 타르스키가 자신의 진리 정의조차 해묵은 철학의 난제들과 독립적이라고 믿었다는 꽤 그럴싸한 답을 얻을 수도 있다(Frost-Arnold, 2008: 225). 이러한 프로스트아널드의 해석은 타르스키가 드물게 출판한 철학 논문에서 주장한 바에 근거한다는 점에서 상당한 가치가 있다.

> 우리는 우리가 지녀 왔을 수 있는 어떤 인식론적 태도도 포기하지 않으면서 의미론적 진리 개념을 받아들일 수 있다. 우리는 소박한 실재론자 또는 비판적 실재론자든, 관념론적 경험론자든, 형이상학자든 우리가 이전에 무엇이었든 간에 그런 채로 남아 있을 수 있다. 의미론적 개념은 이 모든 쟁점에 대해 중립적이다.(Tarski, 1944: 362)

증명을 동반하지 않은 이러한 선언은 자신의 엄밀한 논리학과 수학에서의 성과에 소위 철학적 해석을 주제넘게 시도하는 데 대한 본능적 경계심과 혐오감의 표출일 가능성이 크다(Tarski, 1944: 362; Suppes, 1988: 81; Feferman & Feferman, 2004: 318).

반면 타르스키가 친구들이나 제자들과의 사적 자리에서는 상당히 솔직하게 자신의 철학적 입장을 토로하곤 했다는 무수한 증언이 있다. 게다가 타르스키는 카르나프, 포퍼, 수피스, 존 맥킨지(John McKinsey), 윌러드 콰인

(Willard Quine) 등 내로라하는 철학자들과 철학적 담론을 나누기를 즐겼다고 한다(Feferman & Feferman, 2004: 367). 실제로 타르스키는 철학에 상당히 관심이 많았고, 철학사에 대한 해박한 지식을 보유했다. 이를 뒷받침하는 중요한 증거로 타르스키가 버클리에 논리학 프로그램을 만들 때 수학과·철학과 양측과 전혀 문제를 빚지 않았다는 점을 들 수 있다. 또한 스토아 논리학 등으로 유명한 벤슨 메이츠(Benson Mates)는 타르스키의 조언에 따라 박사 학위 논문 주제를 정했을 만큼 그와 가까운 사이였는데, 타르스키가 그리스어와 그리스 철학자들에 대해 깊은 지식을 지녔다고 증언한다(Feferman & Feferman, 2004: 172). 타르스키는 메이츠 등을 첨병 삼아 철학과 교수 채용에도 상당한 영향력을 행사했고, 그 단적인 예가 프레게 연구가로 유명한 한스 슬루가다(Feferman & Feferman, 2004: 298).

버클리에는 수피스나 도널드 데이비드슨(Donald Davidson) 등 타르스키와 가까운 저명한 철학자들이 여럿 있었다. 수학과와 철학과 사이 가교 역할을 자임한 타르스키와 그의 논리학 프로그램은 요즘 유행하는 학제 간 연구 혹은 융합 연구의 모범을 오래전에 실행한 셈이다. 따라서 버클리 시절 타르스키와 철학자들의 교류를 체계적 철학 연구라는 관점에서 면밀하게 재조명할 필요가 있다.

주로 타르스키의 지인들을 인터뷰한 페퍼먼 부부와 달리 아카이브 자료를 중시하는 파올로 만코수(Paolo Mancosu)의 최근 연구는 그 출발점을 제공한다. 아울러 그동안 출판되지 않았던 타르스키의 강연 원고들이 최근 뒤늦게나마 빛을 보면서 타르스키의 철학적 견해를 이해할 단서들이 제법 발견되고 있다는 점은 크게 기뻐할 일이다(Rodriguez-Consusgra, 2007).

참고문헌

고인석(2010). "빈학단의 과학사상: 배경, 형성과정, 그리고 변화". ≪과학철학≫, 13(1), 53-81쪽.

여영서(2012). "통일과학과 지식융합". ≪과학철학≫, 15(2), 209-232쪽.

Carnap, R.(1963). Intellectual Autobiography. In Schilpp, P.(ed.). *The Philosophy of Rudolf Carnap*, pp. 1-84. La Salle, IL: Open Court.

Carus, A. W.(2019). Neurath and Carnap on Semantics. In Cat, J. & Tuboly, T.(eds.). *Neurath Reconsidered*, pp. 339-361. Switzerland, AG: Springer.

Feferman, S. & Feferman, A.(2004). *Alfred Tarski: Life and Logic*. Cambridge: Cambridge University Press.

Frost-Arnold, G.(2008). Tarski's Nominalism. In Patterson, D.(ed.). *New Essays on Tarski and Philosophy*, pp. 225-246. Oxford: Oxford University Press.

Mancosu, P.(2008). Tarski, Neurath, and Kokoszyńska on the Semantic Conception of Truth. In Patterson, D.(ed.). *New Essays on Tarski and Philosophy*, pp. 192-224. Oxford: Oxford University Press.

Mancosu, P.(2021). Logic and Biology: The Correspondence Between Alfred Tarski and Joseph H. Woodger. *Journal of Humanistic Mathematics, 11*(2), pp. 18-106.

Mormann, T.(1999). Neurath's Opposition to Tarskian Semantics. In Woleński, J. & Kohler, E.(ed.). *Alfred Tarski and the Vienna Circle*, pp. 165-178. Boston: Kluwer.

Neurath, O.(1932/1933). Protokolsätze. *Erkenntnis*, *3*, pp. 304-314.

Neurath, O.(1981). Die Enzyklopädie als 'Modell'. In Neurath, O. *Gesammelte philosophische und methodologische Schriften, Band II*, pp. 725–738. Wien: Hölder-Pichler-Tempsky.

Neurath, O.(1983). *Philosophical Papers.* Cohen, R. & Neurath, O.(ed.). Dordrecht: Reidel.

Patterson, D.(2012). *Alfred Tarski: Philosophy of Language and Logic.* Palgrave Macmillan.

Rodriguez-Consusgra, F.(2007). Two Unpublished Contributions by Alfred Tarski. *History and Philosophy of Logic, 28*, pp. 257–264.

Suppes, P.(1988). Philosophical Implications of Tarski's Work. *The Journal of Symbolic Logic, 53*(1), pp. 80–91.

Tarski, A.(1944). The Semantic Conception of Truth: and the Foundations of Semantics. *Philosophy and Phenomenological Research, 4*(3), pp. 341–376.

Tarski, A.(1992). Alfred Tarski: Drei Briefe an Otto Neurath. Haller, R.(ed.). Tarski, J.(trans.). *Grazer Philosophische Studien, 43*, pp. 1–32.

Tarski, A.(2000). Address at the Princeton University Bicentennial Conference on Problems of Mathematics(December 17–19, 1946). Sinaceur, H.(ed.). *The Bulletin of Symbolic Logic, 6*(1), pp. 1–44.

Uebel, T.(2007). *Empiricism at the Crossroads: The Vienna Cicle's Protocol-Sentence Debate.* Chicago & LaSalle, Illinois: Open Court.

Wittgenstein, L. (1922). *Tractatus logico-philosophicus.* London: Kegan Paul, Trench, Trubner & Co., LTD.

Woleński, J.(1999). Semantic Revolution. Rudolf Carnap, Kurt Gödel, Alfred Tarski. In Woleński, J. & Köhler, E.(eds.).

Alfred Tarski and the Vienna Circle: Austro-Polish Connections in Logical Empiricism, pp. 1–15. Dordrecht: Springer.

Woleński, J.(2018). The Semantics Controversy at the 1935 Paris Congress. *Philosophia Scientiæ: Travaux d'histoire et de philosophie des sciences, 22*(3), pp. 199–211.

05
정의 가능성

학회 참석차 미국을 방문하던 중 제2차 세계대전의 발발로 이산가족이 되어 고군분투하던 타르스키는 끝내 버클리에 둥지를 틀고 수리논리학의 메카를 이룩했다. 모델론이 실질적으로 타르스키와 그의 제자들의 작품이라면, 그 성공의 비밀은 어디서 찾아야 할까? 수학으로서 수리논리학을 안착시킨 타르스키가 수학자로서 남긴 불멸의 업적은 과연 무엇일까?

모델론의 아버지

추모사에서 솔로몬 페퍼먼(Solomon Feferman)은 타르스키의 "논리학을 수학적으로 만드는 동시에 수학자들에게 흥미롭게 하려는 강한 동기"를 강조했다. 타르스키에게 논리학에 대한 공리적·대수적 접근은 일종의 이데올로기였다는 것이다. 언제든 공리화하고 대수화하려 했던 타르스키가 실제로 다양한 수학 분야들의 공리화와 대수화에 성공했다는 사실은 진정 놀랍다(Suppes, Barwise & Feferman, 1989: 402). 타르스키가 괄목할 만한 업적을 낸 수학 분야가 집합론, 측도론, 위상수학, 기하학, 고전대수학, 보편대수학, 대수논리학, 형식논리학, 메타수학이라면, 이 모두를 한데 묶는 타르스키의 관심사는 무엇일까? 스티븐 기밴트(Steven Givant)는 다음과 같은 일종의 발전단계설을 주장했다. ① 타르스키는 고등학교 수학교사 경험에 영향을 받아 양화사(quantifier)를 제거하는 방법과 그 방법을 대수학과 기하학 연구에 응용하는 데 관심을 갖게 된다. ② 이 연구가 타르스키를 정의 가능성 개념의 명확화 문제로 인도하고, 이는 만족 개념을 정의하는 문제, 그리고 진리를 정의하는 문제로 이어진다. ③ 양화사 제거 문제의 응용과 정의 가능성, 만족 그리고 진리 개념의 정의 문제가 타르스키로 하여금 모델론을 탄생시키게 한다(Givant, 1999: 56). 여기서 1단계와 2단계는 1920년대와 1930년대에 이루어졌고, 3단계는 1940년대부터 1960년대 초까지 이루어졌다고 할 수 있다.

타르스키 신화가 버클리의 논리학 프로그램 설립으로 완성되었다는 점은 명백해 보인다. 여기서 타르스키는 지도교수로서 솔로몬 페퍼먼, 줄리아 로빈슨(Julia Robinson), 리처드 몬터규(Richard Montague), 하워드 제롬 키슬러(Howard Jerome Keisler), 제임스 멍크(James Monk), 윌리엄 한프(William Hanf) 등 24명의 박사 과정 학생들을 유능한 수리논리학자로 키워 냈다. 우리는 한눈에 타르스키의 제자들이 타르스키의 공동 연구자이기도 했다는 사실을 알 수 있다. 이들이 버클리 수리논리학 제국에서 "파파 타르스키"를 따르는 황족이었다는 표현은 괜히 나온 수사가 아니다(Feferman & Feferman, 2004: 386, 196-219). 무수한 국제 수리논리학 학술대회가 버클리에서 열렸고, 전 세계의 수리논리학자들은 벅찬 마음으로 타르스키의 도성으로 몰려들었다.

1957년에서 1971년 사이 열린 타르스키 관련 학술대회 중 1957년 코넬대학교 기호논리학 여름학교는 미국 수리논리학사에서 하나의 분수령이라 할 수 있다. 왜냐하면

이 모임에서 최초로 모델론, 집합론, 증명론, 다치논리학, 전산학 등 수리논리학의 모든 분과를 대표하는 발표가 이루어졌기 때문이다. 당연히 프린스턴, 하버드, 버클리 등 수리논리학이 강한 대학들 사이 경쟁이 치열했지만, 중요한 것은 미국 각지에 흩어져 있던 수리논리학자들이 한데 모여 교류하면서 동료들이 그동안 무엇을 연구해 왔는지 속 시원하게 알게 되었다는 점이다. 나아가 발표자 중 4분의 1이 어떤 방식으로든 타르스키의 영향 아래 있던 인물들이었다는 점에서 이 모임은 타르스키를 위한 축제였다 (Feferman & Feferman, 2004: 222). 그 이후 열린 학술대회 하나하나가 어떻게 타르스키가 용의주도하게 의제를 설정하고 추진하면서 수리논리학계의 발전을 주도했는지 유감없이 보여 준다. 공리적 방법에 관한 버클리 국제 심포지엄(1957～1958)(Henkin, Suppes & Tarski, 1959), 무한주의 방법에 관한 바르샤바 심포지엄(1959. 9)(Edinburgh Mathematical Society, 1961), 제1회 논리학·방법론·과학철학 학술대회(1960, 스탠퍼드)(Nagel, Suppes & Tarski, 1962), 모델론(1963, 버클리)(Addison, Henkin & Tarski, 1965), 집합론(1967, UCLA) 그리고 타르스키 심포지엄(1971, 프로비던스)(Henkin et al., 1974).

그중 1960년 학술대회는 타르스키가 어떻게 논리실증

주의자들의 통일과학 운동이 남긴 유산을 잘 활용했는지 보여 준다. 페퍼먼 부부가 지적했듯 그 모임은 통일과학 운동의 죽음에 따른 진공 상태에서 전후 15년간 논리학과 과학철학계를 재조직한 결산이라 할 수 있다(Feferman & Feferman, 2004: 246). 노이라트는 1945년 뇌졸중으로 갑작스럽게 타계했고, 카르나프는 1950년대에 FBI 수사로 곤욕을 치렀다(Reisch, 2005: 17, 272f). 논리실증주의자들과 미국 실용주의자들이 통일과학전서 발간을 위해 공조했다는 사실과 실용주의자의 온상이었던 컬럼비아대학교에서 어니스트 네이글(Ernest Nagel)이 강한 존재감을 드러냈다는 사실은 첨언할 만하다.

공리적 방법과 정의 가능성 이론

힐베르트가 가장 자랑스러워한 것은 자신의 공리적 방법이다. 그 이유를 캐묻는다면 필연적으로 암묵적 정의(implicit definition)란 무엇인지 묻게 되고, 자연스럽게 프레게와 힐베르트 간의 끝나지 않은 논쟁으로 되돌아가게 된다. 그렇다면 타르스키의 최대 관심사 역시 이 언저리에 있으리라는 추정은 상당히 유력해진다. 수피스는 타르스키의 주된 관심사로 연역적 과학의 방법론, 정의 이론, 의미론과 모델론, 기하학 기초론을 꼽았다. 이는 타르스키가 힐베르트와 마찬가지로 공리적 방법과 정의 가능성 이론에 초미의 관심을 지녔다는 점을 확인해 준다(Suppes, 1988: 81).

물론 공리적 방법의 역사는 유클리드의 ≪기하학 원론≫이나 아리스토텔레스의 ≪분석론 후서≫까지 소급할 수 있다. 그러나 공리적 방법에 대한 이론적·체계적 연구는 19세기 베른하르트 볼차노(Bernhard Bolzano)나 모리츠 파슈에게서 비롯하고, 힐베르트의 ≪기하학 기초론(Grundlagen der Geometrie)≫(Hilbert, 1899)과 이탈리아 수학자 알레산드로 파도아(Alessandro Padoa)의 방법이 타르스키 연구의 직접적 배경을 이룬다고 할 수 있다(Suppes, 1957: 169-170). 타르스키는 "메타수학" 대신 "연역적 과학의 방법론"이라는 용어를 선호했고, 이 용어는 그의 기념비적인 논리학 입문서의 제목에 등장한다(Tarski, 1941/1994). 이 책은 상당히 오랜 기간 공리적 방법의 일반적 서술로서 결정판 역할을 했고, 그중에서도 6장은 공리적 방법에 대한 체계적 설명으로 지대한 역사적 가치를 지닌다.

정의 이론은 말할 나위 없이 공리적 방법의 핵심을 이룬다. 따라서 공리적 방법을 체계적으로 제시하려는 타르스키의 연구에서도 결정적 중요성을 띤다. 그런데 정작 수학자들은 수학에서의 정의에 대해 이야기하는 일 자체를 꺼리는 듯하다.

> 일반적으로 수학자들은 정의 가능성 관념을 다루길 좋아하지 않는다. 이 관념에 대한 그들의 태도는 불신과 유보다.(Tarski, 1983: 110)

타르스키는 언뜻 잘 이해되지 않는 이 현상의 발생 원인을 "정의 가능"이라는 용어의 애매성, 즉 "어떤 관념이 정의 가능한지 여부는 그것이 그 안에서 연구되는 연역 체계, 채택된 정의 규칙들 그리고 원초적으로 취급되는 용어들에 의존한다"는 데서 찾는다. "정의 가능성" 관념은 상대적 의미로 사용할 수 있고, 수학자들이 종종 이 사실을 고려하지 않아 무수한 모순이 발생했다는 것이다. 타르스키는 마치 병 주고 약 주듯 이 논의를 다음과 같이 마무리 짓는다.

> 문제의 관념에 대한 수학자들의 불신은 이 관념이 아예 수학의 고유한 경계 밖에 있다는 현재 통용되는 의견으로 강화된다. 그것의 의미를 더 명확하게 하고, 그것과 연관된 혼동과 오해를 제거하고, 그것의 근본 속성들을 확립하는 문제들은

또 다른 학문 분야인 메타수학에 속한다.(Tarski, 1983: 110)

타르스키는 같은 책(≪논리학, 의미론, 메타수학≫) 382쪽에서 "하나의 새롭고 광대한 연구 영역이 여기 열리고 있는 듯하다"라고 썼지만, 여기서는 완전히 새로운 분야를 개척하고 있다는 자부심을 애써 숨기고 있다.

정의 가능성 이론

정의 가능성 이론과 관련된 타르스키의 첫 논문은 "정의 가능한 실수 집합에 관하여(On Definable Sets of Real Numbers)"(Tarski, 1931/1983)고, 이미 이때부터 타르스키의 목적은 정의 가능성 개념을 명확히 하는 데 있었다. 타르스키는 우선 수학자들이 정의 가능성 개념을 다룰 때 보이는 불신과 유보적 태도를 지적한 다음, 자신이 이 개념의 엄밀한 메타수학적 정의를 구성할 수 있게 하는 일반적 방법을 발견했다고 주장한다. 아울러 이 정의를 분석하면 그것을 전적으로 수학 용어들에 의해 정식화되는 정의로 대치할 수 있음이 증명된다고 지적한다. 기밴트에 따르면 오늘날 우리는 여기서 타르스키가 제시한 바를 정의 가능성의 표준적인 메타수학적 정의로 받아들인다(Givant, 1999: 51). 예를 들어 한 집합이 하나의 자유변항을 지닌 어떤 1차 정식을 만족하는 모든 원소로 구성되면 그것은 어떤 대수적 구조 내에서 초보적으로 정의 가능하다. 기밴트는 타르스키가 만족 개념을 정의하는 과제의 난점들을 잘 인식하고 있었지만 그 개념이 분명하고 애매하지 않다고 확신했으며, 그 난점들을 해결하는 일이 훗날 타르스키 연구의 핵심을 이루었다고 주장한다.

기밴트가 제시한 발전단계설을 상기하면, 타르스키 평생의 연구는 "정의 가능성 문제와의 사투"로 요약할 수 있다. 그리고 이 문제에 대한 타르스키의 사상적 발전은 어렵지 않게 추적할 수 있다. 1933년 진리 정의 논문과 1936년 논리적 귀결 논문 등 우저가 영역한 논문집 ≪논리학, 의미론, 메타수학≫(1956/1983)에 실린 논문들을 차례로 읽어 나가면 되기 때문이다. 그 과정에서 특히 이목을 끄는 글이 10장 "개념의 정의 가능성에 대한 몇 가지 방법론적 연구들(Some Methodological Investigations on the Definability of Concept)"이다. 이 글은 연역적 과학의 방법론이 내포한 핵심 개념들을 두 그룹으로 나누고, 이들 간 상당한 유비가 성립한다는 관찰에서 출발한다.

> 첫째 그룹에는 '공리', '도출 가능한 문장'(또는 '정리', '추론 규칙', '증명')이 속하고, 둘째 그룹에는 '원초적(정의되지 않은) 개념'(또는 '원초적 용어'), '정의 가능한 개념', '정의 규칙', '정의'가 속한다.(Tarski, 1983: 296)

이어 "정의 가능성 그리고 개념들의 상호 독립성 문제와 임의의 연역적 이론에서 개념들의 완전성 문제"를 논의할 것을 제안한다(Tarski, 1983).

정의 가능성 이론이 타르스키 이래 놀라운 속도로 발전해 온 모델론의 역사에서 차지하는 위치에 대한 이해는 충격적일 만큼 미흡해 보인다. 타르스키가 모델론의 아버지로서 모델론에 절대적 영향력을 미쳐 왔다고 보는 관점에서 "정의 가능성 이론"은 최소한 모델론 교과서에 독립된 챕터로 편입되어야 마땅하다. 그러나 현실은 그렇지 않고, 하지스의 모델론 역사 서술에서도 사정은 마찬가지다(Hodges, 2018).

이런 배경에서 허버트 사이먼(Herbert A. Simon)이 1960년 "공리적 방법"을 주제로 열린 국제학술대회에서 발표한 논문이 주목받고 있다(Simon, 1965). 팔방미인이었던 사이먼은 심리학, 경제학, 행정학, 결정이론, 과학철학 등 다양한 학문 분야에서 불후의 업적을 남긴 당대 석학 중 하나다. 물리학이나 경제학에서 공리적 방법의 응용에 관한 한 사이먼의 선구적 업적은 무시할 수 없다. 아울러 사이먼이 개발한 "거의-모든 곳에서의 정의 가능성(Almost-Everywhere Definability)" 개념은 거의 논의되지 못했지만, 타르스키의 유산을 물려받은 직계 제자들의 노력 못지않게 모델론의 중요한 이론적 성과로 여겨진다(Simon, 1977).

참고문헌

김병한(2024). ≪모델론의 기초≫. 경문사.

Addison, J. W.(2004). Tarski's Theory of Definability: Common Themes in Descriptive Set Theory, Recursive Function Theory, Classical Pure Logic, and Finite-universe Logic. *Annals of Pure and Applied Logic, 126*, pp. 77–92.

Addison, J. W., Henkin, L., & Tarski, A.(eds.)(1965). *The Theory of Models.* Amsterdam: North-Holland.

Edinburgh Mathematical Society(ed.)(1961). *Symposium on Foundations of Mathematics. Infinitistic methods: proceedings of the Symposium on Foundations of Mathematics; Warsaw, 2–9 September 1959.* Oxford: Pergamon Press.

Feferman, S.(1999). Tarski and Gödel: Between the Lines. In Woleński, J. & Köhler, E.(eds.). *Alfred Tarski and the Vienna Circle: Austro-Polish Connections in Logical Empiricism*, pp. 53–63. Dordrecht: Kluwer.

Feferman, S.(2003). Alfred Tarski and a Watershed Meeting in Logic: Cornell, 1957. In Hintikka, J. et al.(eds.). *Philosophy and Logic. In Search of the Polish Tradition*, pp. 151–162. Dordrecht: Reidel.

Feferman, S. & Feferman, A. B.(2004). *Alfred Tarski: Life and Logic.* Cambridge: Cambridge University Press.

Givant, S.(1999). Unifying Threads in Alfred Tarski's Work. *The Mathematical Intelligencer, 21*(1), pp. 47–58.

Gómez-Torrente, M.(2004). The Indefinability of Truth in the 'Wahrheitsbegriff'. *Annals of Pure and Applied Logic, 126*, pp. 27–37.

Henkin, L., Suppes, P., & Tarski, A.(eds.)(1959). *The Axiomatic Method.* Amsterdam: North-Holland.

Henkin, L. et al.(eds.)(1974). *Proceedings of the Tarski Symposium.* Providence: American Mathematical Society.

Hilbert, D.(1899). *Grundlagen der Geometrie.* Stuttgart: B. G. Teubner.

Hitchcock, D.(2024). Tarski's Theory of the Formal Correctness of Definitions. *Journal of Philosophical Logic, 53,* pp. 181–221.

Hodges, W.(2008). Tarski's Theory of Definition. In Patterson, D.(ed.). *New Essays on Tarski and Philosophy,* pp. 94–132. Oxford: Oxford University Press.

Hodges, W.(2018). A Short History of Model Theory. In Button, T. & Walsh, S. *Philosophy and Model Theory,* pp. 439–476. Oxford: Oxford University Press.

Kennedy, J.(2021). *Gödel, Tarski and the Lure of Natural Language: Logical Entanglement, Formalism Freeness.* Cambridge: Cambridge University Press.

Nagel, E., Suppes, P., & Tarski, A.(eds.)(1962). *Logic, Methodology and Philosophy of science, Proceedings of the 1960 International Congress.* Stanford: Stanford University Press.

Reisch, G. A.(2005). *How the Cold War Transformed Philosophy of Science.* Cambridge: Cambridge University Press.

Simon, H. A.(1965). Definable Terms and Primitives in Axiom Systems. In Henkin, L., Suppes, P., & Tarski, A.(eds.). *The Axiomatic Method,* pp. 443–453. Amsterdam: North-Holland Publishing Company. Simon(1977)에 6.3장으로 재수록됨.

Simon, H. A.(1977). *Models of Discovery and Other Topics in the Methods of Science.* Dordrecht: D. Reidel Publishing Company.

Suppes, P.(1957). *Introduction to Logic.* New York: D. Van Nostrand.

Suppes, P.(1988). Philosophical Implications of Tarski's Work. *The Journal of Symbolic Logic, 53*(1), pp. 80-91.

Suppes, P., Barwise, J., & Feferman, S.(1989). Commemorative Meeting for Alfred Tarski, Standford University—November 7, 1983. In Duren, P.(ed.). *A Century of Mathematics in America*, Part III, pp. 393-403. Providence, RI: American Mathematical Society.

Tarski, A.(1931/1983). On Definable Sets of Real Numbers. In Tarski, A.(1983). Corcoran, J.(ed.). *Logic, Semantics, Metamathematics*(2nd ed.), pp. 110-142. Indianapolis, IN: Hackett.

Tarski, A.(1941/1994). *Introduction to Logic and to the Methodology of the Deductive Sciences.* Oxford: Oxford University Press.

Vaught, R. L.(1974). Model Theory before 1945. In Henkin, L. et al. *Proceedings of the Tarski Symposium: An International Symposium to Held to Honor Alfred Tarski on the Occasion of His Seventieth Birthday*, pp. 153 - 186. Providence: American Mathematical Society.

Vaught, R. L.(1986). Alfred Tarski's Work in Model Theory. *Journal of Symbolic Logic, 51*(4), pp. 869 - 882.

06
논리적 귀결

모델론에 입각한 논리적 귀결 개념 정의는 진리 정의에 버금가는 논리학자 타르스키의 중요 업적이다. 이를 이해하려면 타르스키가 카르나프의 (통사론적) 논리적 귀결 정의를 어떻게 비판했는지 살펴볼 필요가 있다. 아울러 존 에처멘디의 비판을 필두로 지난 30년간 논리철학의 핵심 쟁점이었던 소위 "타르스키의 오류"를 검토하며 문제의 중요성을 체감해야 한다.

카르나프의 논리적 귀결 정의와 타르스키의 비판

모델론에 입각한 타르스키류 논리적 귀결 정의가 갖는 의의를 이해하려면 먼저 그것이 기존 통사론적 정의보다 어떤 점에서 우월한지 파악해야 한다. 통사론적 접근을 비판할 때 타르스키가 겨냥한 진짜 타깃은 누구였을까? 타르스키는 왜 이에 대해 침묵했을까? 여러 답이 가능하고, 심지어 타르스키 자신도 이른 시기에 그런 통사론적 접근을 한 사람이었다는 사실이 그중 하나일 수 있다. 크레이그 바크(Craig Bach)가 지적했듯, 타르스키는 1931년 진리에 대한 논문과 1933년 ω-일관성에 대한 논문에서 귀결 관계를 통사론적으로 정의했다(Bach, 1997).

타르스키가 1936년 논문에서 비교·검토한 논리적 귀결 정의는 ① 청년 타르스키의 변형 규칙들에 의한 정의, ② 카르나프의 정의 그리고 ③ 타르스키가 새롭게 제안하는 정의다. ①과 ② 모두 변형 규칙들에 의한 정의로, 통사론적 정의라 할 수 있다. 타르스키는 카르나프가 1934년 ≪언어의 논리적 통사론(Logical Syntax of Language)≫에서 제시한 논리적 귀결 정의는 지나치게 특별하고 복잡해 그대로 논의하기 어렵다고 주장하면서 그것을 다음과 같이 정식화해 보고했다.

> 문장 X는 집합 K의 모든 문장과 X의 부정으로 이루어진 집합이 모순적일 때, 그리고 오직 그럴 때만 K의 문장들로부터 논리적으로 따라 나온다.(Tarski, 1983: 414; 박우석, 2014: 56)

패터슨에 따르면 타르스키는 카르나프의 ≪언어의 논리적 통사론≫을 숙독하면서 그의 정의가 올바른 방향을 향하고 있고, 자신이 1934년까지 선호했던 변형 규칙들에 의한 간단한 정의보다 개선된 것임을 깨달았다.

> 카르나프의 설명이 이룬 진보는 "불확정적" 변형 규칙들, 특히 ω-규칙을 추가해 카르나프에게 괴델의 불완전성 정리에 대응할 방법을 제공했다는 점이다.(Patterson, 2012: 187)

카르나프는 무한 변형 규칙을 도입해 "참"을 피하고 "분석적" 명제를 거론함으로써 참 개념 없이 괴델의 결과를 진술할 방법을 얻었다. 이는 카르나프가 도출할 수 없는 산수를 확장하는 이론들의 귀결이 있다는 주장으로 괴델의 결과를 진술할 수 있게 했다.

카르나프의 논리적 귀결 정의가 "지나치게 특별하고 복잡하다"고 할 때 타르스키는 무엇을 염두에 둔 것일까? 이에 대한 해답은 ③이 ②보다 우월한 까닭, 즉 타르스키 자신의 논리적 귀결 정의가 카르나프의 정의보다 어떤 점에서 우월한지에 대한 시사에서 추정할 수 있다. 패터슨의 해석에 따르면 타르스키는 카르나프의 논리적 귀결 정의가 "원초적으로 타당한 추론 규칙들에 의존하는 한, 지나치게 특별하고 복잡하다"고 봤다. 패터슨은 타르스키의 논리적 귀결 정의가 지닌 혁명성을 "원초적으로 타당한 것으로 취급되는 변형 규칙들에 대한 그 어떤 의존도 제거하는 타르스키의 설명이 지닌 더 근본적인 이점"에서 찾는다(Patterson, 2012: 182).

최근 논리실증주의와 초기 분석철학 전반에 대한 재평가가 활발하게 이루어지면서 카르나프의 논리적 귀결 정의를 다룬 주목할 만한 연구들이 등장하고 있다(Wagner, 2017). 향후 훨씬 더 섬세하고 치밀하게 카르나프와 타르스키를 비교할 연구가 기대된다.

타르스키의 논리적 귀결 정의

패터슨에 따르면 타르스키는 1934년과 1935년 사이 어느 시점에 "원초적으로 타당한 추론 규칙들에 대한 호소를 그의 의미론에 의해 정의되는 귀결 관념으로 대치할 수 있음을 깨달았다". 그 결과가 1936년 논문에서 보고되면서 직관주의적 형식주의 프로젝트가 종료되었다(Patterson, 2012: 8). 패터슨은 "의미론으로 모델 관념을 정의할 수 있음을 깨달았을 때에야, 그리고 또 그에 의해 귀결이 정의될 수 있음을 깨달았을 때에야 타르스키는 의미론이 현실적으로 독자적 언어 취급법으로서 자립할 수 있음을 이해했다"고 부연 설명한다(Patterson, 2012: 3-4).

오늘날 널리 받아들여지는 논리적 귀결, 그와 연관된 논리적 진리, 일관성의 모델론적 정의는 흔히 앞에서 인용한 타르스키의 정의에서 비롯한다고 이야기된다. 그러나 타르스키가 1930년대에 제시한 논리적 귀결 정의가 오늘날 받아들여지는 모델론적 정의와 완전히 일치하지는 않는다. 또 타르스키의 ≪결정 불가능한 이론들≫(1953)에서는 예컨대 다음과 같은 정의가 발견된다.

> 문장 Φ는 그것이 그 안에서 집합 A의 모든 문장이 만족되는 모든 실현 R 안에서 만족될 경우 문장들의 A의 논리적 귀결이라 말해진다.(Tarski, 1953: 8; 박우석, 1998: 6)

타르스키는 1950년대에 이 정의를 채택하면서 자신의 정의가 수정된 데 대해 논평하지 않았다. 그리고 모델론은 타르스키와 그의 제자들의 주도로 발전했다. 따라서 흔히 들 타르스키가 원래 제시한 정의와 오늘날 받아들여지는 모델론적 정의를 구별하지 않으면서 타르스키류 모델론적 정의를 거론한다(박우석, 1998: 6). 하지스는 오늘날 받아들여지는 모델론적 정의가 타르스키와 로버트 로슨 보트(Robert Lawson Vaught)의 논문 "관계 체계들의 산수적 확장(Arithmetical extensions of relational systems)"을 기점으로 자리 잡았다고 본다(Hodges, 1986).

타르스키의 오류

존 에처멘디(John Etchemendy)는 우리가 임의의 언어에 타르스키의 이론을 적용할 경우 그 결과가 외연적으로 정확하리라는 보장은 전혀 없다고 주장한다(Etchemendy, 1990: 148-150). 이러한 외연적 적합성의 문제는 초과 생성(overgeneration)과 미달 생성(undergeneration)의 문제로 구체화한다. 초과 생성의 문제란 타르스키의 정의를 적용할 때 초과 생성이 일어나지 않으리라는 보장, 즉 실제로는 그렇지 않은 것들을 논리적으로 참인 문장과 논리적으로 타당한 논변이라고 선언하지 않으리라는 보장이 없다는 것이다. 한편 미달 생성의 문제란 타르스키의 정의가 실제로는 타당한 논변들을 부당한 것으로, 논리적으로 참인 문장들을 그렇지 않은 것으로 판단할 가능성이 있다는 것이다.

에처멘디는 초과 생성의 예로 이차 언어의 사례를 든다. 서로 연관된 일반화한 문장들 중 연속체 가설과 동치인 문장들뿐 아니라 그것의 부정문과 동치인 문장들도 발견된다는 것이다. 그 결과 연속체 가설이 참이든 거짓이든 우리는 타르스키의 정의를 적용하면 어떤 문장들을 그것들이 논리적으로 참이기 때문에 참인 것이 아니라 그것들이 참이기 때문에 논리적 진리라고 선언함으로써 초과 생성에 빠지게 된다고 에처멘디는 주장한다(Etchemendy, 1990: 132-135).

에처멘디에 따르면 미달 생성의 문제는 문장들의 논리적 진리성 또는 논변들의 타당성이 고정된 개념들의 집합에 포함되지 않은 하나 이상의 표현들의 의미에 본질적으로 의존하지 않을 때에만 발생한다. 예를 들어 만일 선언의 해석이 고정되지 않았다면, 논리적 진리인 '링컨은 대통령이었다'나 '링컨은 대통령이 아니었다'는 논리적 진리로 선언되지 않을 것이다. 따라서 타르스키의 정의가 미달 생성을 일으키지 않는다는 확실한 보장을 얻을 유일한 방법은 모든 표현을 고정된 표현들의 집합에 포함시키는 것이다.

그러나 그럴 경우 우리는 확실히 초과 생성의 문제에 직면하게 된다.

에처멘디는 그 예로 초급 산수의 언어를 든다. 이어 타르스키류 모델론을 적용하면 타르스키 자신이 지적했듯 ω-규칙이 부당한 것으로 잘못 판정되고 만다고 주장한다. 결국 우리는 초과 생성과 미달 생성의 상보적 위협에서 벗어날 수 없다는 것이 에처멘디의 결론이다.

문제는 일반적으로 한 보편 양화 문장의 진리성이 보장할 수 있는 것은 단지 그 사례들의 진리성뿐이라는 데 있다 (Etchemendy, 1990: 99-100). 에처멘디는 모든 비논리적 사실이 구체적인 개체들이나 속성들을 포함하는 것은 아니라고 강조한다. 그리고 그 예로 우주의 크기와 현실적으로 존재하는 개체의 수를 든다. 에처멘디는 우주의 크기가 논리학의 문제가 아니라고 단언한다. 그러나 존재 양화사, 동일성 술어, 진리함수적 연결사가 특히 논리적인 표현들이라 한다면, 타르스키의 해명은 그것들이 단순히 진리인지 아닌지와 논리적 진리인지 아닌지를 동일시하게 된다. 분명히 이들 중 어떤 것은 참이다. 만일 우주가 무한하다면 이들 문장 모두가 참이고, 따라서 모두 그릇되게 논리적 진리로 판정되리라는 것이 에처멘디의 우려다. 에처멘디는 특히 이 문장들 중 몇 개가 잘못 판정되느냐가 아니라 여기서 평가가 분명히 논리 외적인 사태에 의존한다는 점을 중시한다(Etchemendy, 1990: 114). 결국 문제는 무한공리가 논리적인지 그렇지 않은지가 된다. 아울러 에처멘디는 무한공리가 논리적 진리가 아니라고 재삼 강조한다. 이를 인식하는 것이 타르스키 해명의 결과가 여전히 논리 외적인 사실들에 영향받고 있음을 아는 데 필요한 전부라고 주장한다(Etchemendy, 1990: 116).

참고문헌

박우석(1998). "논리적인 것과 논리 외적인 것". ≪논리연구≫, 2, 7-34쪽.

박우석(2014). "타르스키의 논리적 귀결 정의의 역사적 배경". ≪논리연구≫, 17(1), 33-69쪽.

Bach, C. N.(1997). Tarski's 1936 Account of Logical Consequence. *Modern Logic, 7*(2), pp. 109-130.

Carnap, R.(1934). *Logical Syntax of Language.* Chicago & La Salle: Open Court.

Etchemendy, J.(1990). *The Concept of Logical Consequence.* Cambridge, Mass.: Harvard University Press.

Etchemendy, J.(2008). Reflections on Consequence. In Patterson, D.(ed.). *New Essays on Tarski and Philosophy*, pp. 263-299. Oxford: Oxford University Press.

Hodges, W.(1986). Truth in a Structure. *Proceedings of Aristotelian Society, 86*, pp. 135-151.

Patterson, D.(2012). *Alfred Tarski: Philosophy of Language and Logic.* Palgrave MacMillan.

Sher, G.(1991). *The Bounds of Logic: A Generalized Viewpoint.* Cambridge, Mass.: MIT Press.

Sher, G.(2016). *Epistemic Friction: An Essay on Knowledge, Truth, and Logic.* Oxford: Oxford University Press.

Tarski, A.(1936). On the Concept of Logical Consequence. In Tarski, A.(1983). *Logic, Semantics, Metamathematics.* Woodger, J. H.(trans.). Corcoran, J.(2nd Edition Edit & Introduce). Indianapolis, Indiana: Hackett Publishing Co.

Tarski, A.(1953). *Undecidable Theories.* Amsterdam: North-Holland Publishing Company.

Tarski, A.(1983). *Logic, Semantics, Metamathematics.* Woodger, J. H.(trans.). Corcoran, J.(2nd Edition Edit & introduce). Indianapolis, Indiana: Hackett Publishing Co.

Tarski, A. & Vaught, R. L.(1957). Arithmetical extensions of relational systems. *Compositio Mathematica, 13*, pp. 81 - 102.

Wagner, P.(2017). Carnapian and Tarskian Semantics. *Synthese, 194*, pp. 97-119.

07
분석성

1941년 타르스키, 카르나프 그리고 콰인이 하버드대학교에서 정기 토론 모임을 가졌다. 그들은 분석철학의 미래를 결정지을 이 정상회담에서 타르스키의 유한주의-유명론 프로그램을 끊임없이 논의했다. 이 프로그램은 분석성과 어떻게 연관되고, 그들의 향후 작업에 어떤 영향을 미쳤을까?

타르스키의 유한주의-유명론 프로젝트

1940~1941년에 콰인은 하버드대학교 철학과 교수였다. 당시 시카고에 자리 잡았던 카르나프는 1년간 초빙교수로, 타르스키는 연구원 신분으로 하버드대학교에 와 있었다. 카르나프, 콰인 그리고 타르스키는 이 기회를 잘 살려 정기적으로 토론 모임을 가졌다. 때때로 넬슨 굿맨(Nelson Goodman)과 카를 구스타프 헴펠(Carl Gustav Hempel)도 참석했던 이 토론 모임은 이미 하나의 전설이다. 이들이 당대 학계를 주도하는 위치에 있었다는 사실 자체가 이 모임의 위상을 짐작게 한다. 그러나 어쩌면 그보다 더 중요한 점은 이들이 여기서 우연히 처음 만난 것이 아니라 이전부터 교류하며 서로를 잘 알고 존경하는 사이였던 덕에 꽤 오랜 기간에 걸쳐 내실 있는 토론 모임을 가질 수 있었다는 사실이다. 이들은 무슨 문제를 어떻게 논의했을까? 그들 생각에 당시 논리학, 수학, 철학 그리고 과학 전반에 걸쳐 가장 절실한 현안은 무엇이었을까? 괴델과 카르나프 그리고 타르스키의 기존 성과가 어느 정도로 논의되었을까?

중요한 토론 내용을 꼼꼼히 기록한 카르나프의 습관 덕분에, 그리고 피츠버그대학교의 카르나프아카이브가 소장 중인 카르나프 관련 자료들을 분석한 만코수와 프로스트아널드의 노력 덕분에(Mancosu, 2010; Frost-Arnold, 2013) 우리는 마치 카르나프와 콰인, 타르스키가 눈앞에서 논쟁을 벌이는 것처럼 생생하게 그들의 공동 연구를 재구성할 수 있다. 만코수에 따르면 처음에 카르나프는 곧 나올 자신의 ≪의미론 입문(Introduction to Semantics)≫(1942) 원고를 강독하듯 모임을 진행하자고 제안했고, 타르스키와 콰인은 이에 적극 반대했다고 한다. 그 결과 이 모임에서는 다양한 주제가 논의되기보다 소수의 정선된 문제들에 대한 지속적 논의가 이루어졌다(Mancosu, 2010: 361-362). 프로스트아널드에 따르면 그 문제들은 "'유한주의-유명론적' 과학의 언어 프로젝트" 아래 한데 묶였다. 즉 과학의 언어가 충족해야 할 유한주의-유명론적 조건들(① 유한 수의 개체, ② 사물론적 조건, ③ 비플라톤주의적 조건)을 규정하는 것이 핵심 문제였고 그 조건들에 대한 찬반 토론이 모임의 주된 활동이었다. 아울러 유한주의-유명론적 과학의 관점을 취한 결과 산수가 띠는 종합적 성격이 핵심 쟁점이 되었고, 분석/종합을 구별하기 위해 분석성(analyticity) 자체를 규정하는 문제에 논의의 초점이 맞춰졌다(Frost-Arnold, 2013: 4장).

타르스키는 논리적 귀결에 대한 1936년 논문에서 이

미 논리적 용어와 기술적 용어의 구분에 회의적 입장을 취했다. 자연히 논리적 진리와 사실적 진리의 구분이나 분석적 명제와 종합적 명제의 구분에도 회의적이었다.

카르나프의 분석성 개념에 대한 타르스키의 비판

한때 유행처럼 "누가 논리실증주의를 죽였는가"를 논의하던 시절이 있었다. 포퍼, 토머스 쿤(Thomas Kuhn), 구스타프 베르크만(Gustav Bergmann) 그리고 콰인이 유력한 후보로 거론되었고, 이들 각자가 나름대로 그럴 만한 자격이 있었다. 그러나 가장 가까운 곳, 즉 분석철학의 주류에서 결정적 타격을 가한 것은 콰인의 1951년 논문 "경험론의 두 도그마(Two Dogmas of Empiricism)"였다. 두 도그마는 분석/종합의 구별과 환원론을 말한다. 1941년 하버드 토론 모임이 분석성을 핵심 주제 중 하나로 다루었고, (프로스트아널드의 표현대로) 타르스키의 유한주의-유명론적 체제 아래서 산수의 진리가 사실적 진리가 되자 카르나프가 몹시 소중히 여긴 분석/종합의 구별은 더 이상 유지되기 어려워졌다. 토론 과정에서 카르나프와 콰인 그리고 타르스키가 이 문제에 어떻게 반응했는지 살펴보는 일은 매우 중요하다. 모임에서의 의견 교환이 이후 세 사람 각각의 사상적 발전에 어떤 영향을 미쳤는지 가늠해 보는 일 역시 중요하다.

프로스트아널드는 카르나프가 일찍이 분석성에 대한 타르스키의 비판에 예민한 반응을 보였다는 점을 지적한다(Frost-Arnold, 2013: 94; Carnap, 1942: 87). 그리고 이러한 반응이 카르나프의 자서전에서도 확인된다는 점 또한 놓치지 않고 언급한다(Frost-Arnold, 2013: 94; Carnap, 1963: 13). 카르나프가 자신의 논리적 지식과 비논리적 지식 구분이 동시대 철학자들에게는 공유되는 반면 타르스키와 콰인 같은 논리학자들에게는 그러지 않는다고 술회한 점은 실로 흥미롭다. 프로스트아널드의 지적대로 여기서 카르나프는 타르스키와 콰인의 그런 태도가 그들이 자연과학을 차치하고 수학과 논리학의 형식언어에만 관심을 둔다는 사실을 보여 준다고 넌지시 암시한다.

프로스트아널드는 타르스키가 하버드 토론 모임에서 카르나프의 분석성 개념을 비판할 때 사용한 구체적 논거들을 보여 준다. 타르스키는 가장 단순한 논리상항(logical constant)들을 지적하고 그것들로 정의 가능한 모든 것 또한 논리적이라고 선언하자는 카르나프의 제안을 받아들이지 않는다. 왜냐하면 우리는 '시간(Temp)'이라는 술어를 포함하는 모든 원자 문장의 진릿값을 고정하고 모든 관찰에 맞서 그 진릿값 할당을 유지해 '온도' 역시 논리적 용어로 인정할 수 있기 때문이다. 프로스트아널드는 "어떤 기호도 논리적일 수 있다"라는 아이디어를 이 비판의 핵심으로 파악한다. 이에 카르나프는 (타르스키의 비경험적 술어와 달리) 물리적 온도 술어를 포함하는 닫힌 문장들에 대해서는 "단순한 계산을 통해 진릿값을 결정할 수 없다"고 반론한다. 그러나 타르스키는 즉각 다음과 같이 반박한다. "그것은 아무것도 증명하지 못하는데, 왜냐하면 (수학 안에도) 결정 불가능한 문장들이 있으므로 수학적 함수들 역시 종종 단순한 계산을 통해 진릿값을 결정할 수 없기 때문이다."(Frost-Arnold, 2013: 97-98) 카르나프는 괴델 문장들을 염두에 두었음이 분명한 이 논점 앞에서 말문이 막혔던 듯하다. 콰인의 회고에 따르면 그는 타르스키와 함께 10년에 걸쳐 카르나프에게 분석/종합 구별을 포기하라고 설득했고, 굿맨 그리고 모턴 화이트(Morton White)와 삼각 서신 교환을 하며 이 문제를 지속적으로 논의했다고 한다(Quine, 1985: 226; White, 1987).

타르스키가 분석철학에 미친 영향

앞선 논의에서 자연스레 떠오르는 결론은 1940~1941년 하버드 토론 모임이 타르스키에 의해 주도되었다는 사실이다. 유한주의-유명론적 과학 언어 프로젝트는 타르스키의 프로젝트라고 해야 마땅해 보이기 때문이다. 수리논리학과 수학기초론 논의에서 타르스키가 주도권을 쥐었다는 것은 어쩌면 당연하다. 수학자들의 사회만큼 위계가 분명한 집단은 없기 때문이다. 논리실증주의와 통일과학 논의에서도 타르스키가 논의의 방향타를 잡은 것이 당연하다. 의미론의 지위에 대한 노이라트의 의혹과 비판을 정면으로 상대해야 하고, 또 그럴 수 있는 사람이 당사자이자 과학적 의미론으로서 모델론을 건설한 타르스키였다는 데 이의가 있을 수 없기 때문이다. 그렇다면 그 모임 이후 카르나프와 콰인의 연구 활동은 타르스키에게 받은 영향을 통해 파악될 가능성이 충분해 보인다.

스티브 어워디(Steve Awodey)는 논리적 진리 또는 분석성 개념을 확정하기 위한 노력의 역사를 여러 단계로 나누어 파악했다. ① 프레게-러셀 연역주의, ② 토톨로지주의(tautologicism), ③ 초기 **통사론** 대입주의, ④ **통사론** 규약주의, ⑤ 타르스키 스타일 의미론, ⑥ 상태 기술들, ⑦ 후기 의미론, ⑧ 후속 발전들이 그것이다(Awodey, 2012: 131). 여기서 ③과 ④는 카르나프의 ≪언어의 논리적 통사론≫(1934), ⑤는 ≪의미론 입문(Introduction to Semantics)≫(1942), ⑥은 ≪확률의 논리적 토대(Logical Foundations of Probability)≫(1950) 그리고 ⑦은 "의미론에 관한 주석(Notes on Semantics)"(1955/1972)과 직결된다. 이들 단계의 핵심은 언어의 논리적 부분과 기술적 부분을 구분하려는 데 있으므로, 카르나프가 분석성 개념을 천착하면서 타르스키의 영향을 지속적으로 받았다는 점은 명백해 보인다. 또한 어워디가 따로 거론하지는 않았지만 ≪의미와 필연성(Meaning and Necessity)≫(1956)에서 시도된 양상논리학 프로젝트도 논리적 진리 개념을 필연성 등 양상 개념을 통해 규정하려는 시도이므로 ⑥이나 ⑦과 연관 지어 이해할 수 있을 것이다. 나아가 카르나프가 귀납과 확률논리학으로 눈을 돌리게 된 결정적 계기를, 자신(철학자)과 콰인·타르스키(논리학자)를 대조하면서 자신의 궁극적 관심사가 단지 논리학과 수학의 언어가 아니라 (통일)과학의 언어라고 명시한 사실에서 찾을 수 있을지 모른다.

콰인이 정확히 언제 분석/종합 구별을 거부했는지에 대해서는 논란이 있다. 콰인의 논문 "규약에 따른 진리(Truth by Convention)"까지 소급해 보려는 입장도 있지만, 이는 콰인 자신이 1934년 처음 카르나프를 만난 이래 6년 동안 그의 신봉자였다고 술회한 바에 비춰 볼 때 지지하기 어렵다. 반면 "경험론의 두 도그마"는 1940년대 카르나프가 분석/종합 구별을 어떻게든 유지하기 위해 시도한 것들에 대한 비판을 포함하므로 지나치게 늦다. 결국 출발점으로 삼기에는 1940~1941년 하버드 토론 모임에서 콰인과 타르스키가 분석/종합 구별에 맹공을 가한 것이 결정적으로 중요해 보인다.

1940~1941년 하버드 토론 모임이 참가자 모두의 사상적 발전에 생각보다 훨씬 큰 영향을 미쳤다고 볼 때, 탐색 범위를 좀 더 넓혀 볼 필요성도 생긴다. 예컨대 유한주의-유명론 프로젝트는 '(프레게에게는 2계였던) 현대 논리학이 왜 일계 논리학 중심으로 전개되었는가'라는 현대 논리학사의 미스터리 가운데 하나를 풀 중요한 단서를 제공할 가능성이 있다. 또한 타르스키와 직접 연결된 프로젝트를 수행한 것으로 잘 알려진 도널드 데이비드슨이 어떻게 하버드 토론 모임의 성과를 간접적으로 수용했다고 해석될지 궁금하다. 아울러 몬터규 문법(Montague grammar)으로 유명한 리처드 몬터규가 타르스키의 지도 아래 박사 학위를 취득했고, 1960년대 초 캘리포니아대학교 로스앤젤레스캠퍼스에서 카르나프의 동료 교수였다는 사실에 새삼 주목할

필요가 있다. 당시 그들의 제자였던 니노 코키어렐라(Nino Cocchiarella)가 형식적 언어철학의 전통을 조감한 논문들이 탐색의 출발점이 될 수 있을 것이다(Cocchiarella, 2012).

참고문헌

Awodey, S.(2012). Explicating 'Analytic'. In Wagner, P.(ed.). *Carnap's Ideal of Explication and Naturalism*, pp. 131–143. New York: Palgrave Macmillan.

Boghossian, P. A.(1997). Analyticity. In Hale, B. & Wright, C.(eds.). *A Companion to the Philosophy of Language*, pp. 331–368. Oxford: Blackwell.

Carnap, R.(1934/1937). *Logical Syntax of Language.* London: Routledge.

Carnap, R.(1942). *Introduction to Semantics.* Cambridge, Mass.: Harvard University Press.

Carnap, R.(1943). *Formalization of Logic.* Cambridge, Mass.: Harvard University Press.

Carnap, R.(1950). *Logical Foundations of Probability.* Chicago: University of Chicago Press.

Carnap, R.(1955/1972). Notes on Semantics. *Philosophia, 2*(1), pp. 3–54.

Carnap, R.(1956). *Meaning and Necessity.* Chicago: University of Chicago Press.

Carnap, R.(1963). Intellectual Autobiography. In Schilpp, P.(ed.). *The Philosophy of Rudolf Carnap*, pp. 1–84. La Salle, IL: Open Court.

Cocchiarella, N. B.(2012). Formally oriented work in the philosophy of language. In *Philosophy of Meaning, Knowledge and Value in the Twentieth Century*, pp. 27–50. London: Routledge.

Feferman, S. & Feferman, A. B.(2004). *Alfred Tarski: Life and Logic.* Cambridge: Cambridge University Press.

Frost-Arnold, G.(2013). *Carnap, Tarski, and Quine at Harvard: Conversations on Logic, Mathematics and Science*. Chicago, IL: Open Court.

Kennedy, J.(2021). *Gödel, Tarski and the Lure of Natural Language: Logical Entanglement, Formalism Freeness*. Cambridge: Cambridge University Press.

Mancosu, P.(2010). *The Adventure of Reason*. Oxford: Oxford University Press.

Murphey, M. G.(2012). *The Development of Quine's Philosophy*. Dordrecht: Springer.

Patterson, D.(2012). *Alfred Tarski: Philosophy of Language and Logic*. Palgrave Macmillan.

Quine, W. V. O.(1936). Truth by Convention. In *Philosophical Essays for Alfred North Whitehead*, pp. 90 – 124. New York: Longmans, Green and Co.

Quine, W. V. O.(1951). Two Dogmas of Empiricism. *The Philosophical Review, 60*, pp. 20–43.

Quine, W. V. O.(1985). *The Time of My Life: An Autobiography*. Cambridge, Mass.: MIT Press.

Suppes, P.(1988). Philosophical Implications of Tarski's Work. *The Journal of Symbolic Logic, 53*(1), pp. 80–91.

White, M.(1987). A Philosophical Letter of Alfred Tarski. *The Journal of Philosophy, 84*(1), pp. 28–32.

08

유명론

타르스키가 유명론자였다는 사실은 널리 알려져 있고, 그 뿌리는 아주 깊다. 폴란드 유명론이라는 말이 있을 만큼 그의 은사들 대부분이 유명론자였다. 비록 훗날 마지못해 입장을 바꾸기는 했으나 열렬히 유명론자이기를 원했던 콰인이 타르스키와 더불어 카르나프에 맞선 것은 우연이 아니다. 모델론을 정립한 수학자가 유명론자였다는 역설은 수학과 철학에 어떤 의미를 지니는가?

폴란드 유명론

피터 사이먼스(Peter Simons)에 따르면 현대 철학에서 "유명론"이라는 용어는 몇 가지 다른 의미로 사용되어 왔다. 첫째, 고전적 의미에서 유명론은 실제로 존재하는 모든 것이 특수자며 보편자는 없다고 주장하는 학설이다. 이와 반대되는 입장이 보편자 실재론이고, 플라톤적 실재론과 토마스주의적 실재론을 모두 포함한다. 이런 의미의 유명론에는 보편자가 마음속 개념들로 존재한다는 고대와 중세 때 흔했던 개념론이 속한다. 둘째, 좀 더 제한된 의미의 "유명론"은 보편자를 개념과는 구별되는 낱말들로 취급한다. 이 극단적 유명론의 예로는 로스켈리누스(Roscellinus)와 토머스 홉스(Thomas Hobbes)가 지목된다. 셋째 의미의 유명론은 모든 추상적 존재자를 부인하는데, 사이먼스는 콰인과 굿맨의 공저 논문을 예로 든다. 넷째 의미의 유명론은 후기 굿맨이 취한 입장으로, 집합 개념을 거부하는 입장이다(Simons, 1998: 1).

타르스키의 은사인 폴란드 논리학자들이 수리논리학 분야 연구에서 추구한 것들 중 무엇이 유명론자로서 그들의 성향을 잘 드러낼까? 그들 중 누가 어떤 의미에서 더 극단적인 유명론자였고, 누구의 유명론이 타르스키의 유명론에 결정적 영향을 미쳤을까? 우선 페퍼먼 부부는 그중에서도 레시니에프스키가 극단적 유명론자였다고 보고, 코타르빈스키가 제시한 사물론(reism)의 뿌리를 레시니에프스키에게서 찾는다(Feferman & Feferman, 2004: 36). 레시니에프스키의 유명론이 상당히 극단적이었다는 점은 그가 집합론을 비판하고 집합들을 거부했다는 것만으로도 입증된다. 그러나 놀랍게도 레시니에프스키가 추상적 존재자를 전면 부인하는 일은 망설였다는 것이 사이먼스의 해석이다(Simons, 1998: 7).

타르스키 유명론의 특색을 이해하려면 코타르빈스키 사물론의 유명론적 성격을 이해해야 한다. 코타르빈스키의 사물론에 따르면 모든 것은 사물(res)이다. 코타르빈스키는 모든 것이 구체적이라고 주장하는 그 입장을 "구체주의(concretism)"라고 부르기도 했다. 이는 추상적인 것은 존재하지 않음을 함축한다. 모든 것이 물체라는 의미에서 사물론을 "범물체주의(pansomatism)"로 표현하기도 했다. 코타르빈스키는 "물체적"이란 '공간적, 시간적 그리고 저항적(resistant)'인 것을 의미한다고 주장했다(Kotarbiński, 1955: 489; Frost-Arnold, 2013: 19-22). 따라서 사이먼스는 코타르빈스키의 유명론이 레시니에프스키의 유명론보다 더 극단적이었다고 말한다. 코타르빈스키의 사물론은 네 가지 의미의 유명론을 모두 함축한다. 다음 인용문은 그 해석의 논거가 될 만하다.

> 속성들만 존재하지 않는 것이 아니라 관계들, 사물들의 사태들, 사건들 또한 존재하지 않는다. 그리고 그것들이 존재한다는 환상은 사물들에 더해 그런 대상들의 존재에 대한 잘못된 관념을 시사하는 특정 명사들(nouns)의 존재에 그 원천을 둔다.(Kotarbiński, 1966: 430; Simons, 1998: 14)

콰인의 유명론

1984년 타르스키가 세상을 떠났을 때 콰인은 타르스키 평생의 반려자 마리아에게 보낸 조문 편지에서 타르스키가 자신의 논리학 멘토였을 뿐 아니라 자신과 철학적으로 동류였다는 점을 강조했다. 그러기 위해 콰인은 1941년 하버드 토론 모임에서 타르스키와 함께 카르나프의 분석/종합 구별에 반기를 든 에피소드를 감개무량해하며 회상했다. 그런데 만코수가 지적하듯, 콰인은 좀 더 구체적으로 자신과 타르스키 둘 다 유명론자였다는 점과 형이상학에 반기를 드는 철학적 기질을 공유했다는 점을 첨언할 수도 있었을 것이다(Mancosu, 2010: 387).

만코수는 20세기 유명론의 역사가 콰인과 굿맨의 유명한 1947년 공저 논문에서 비롯한다는 통념에 이의를 제기하고, 그 뿌리가 훨씬 더 오래되었다는 점을 지적한다. 이르게는 1932년에 이미 콰인에게서 유명론적 입장이 발견된다는 것이다(Mancosu, 2010: 388-395). 찰스 파슨스(Charles Parsons) 역시 콰인이 초기 저술에서부터 유명론적 경향을 보였다는 점을 강조하면서 그가 술어 문자들을 어떻게 다루었는지 연대기적으로 추적한다(Parsons, 2011: 215).

콰인이 언제부터 유명론의 입장을 취했는가 하는 문제 못지않게 언제, 무슨 이유로 유명론을 포기하고 실재론자로 개종했는가 하는 문제 또한 논란을 빚고 있다. 최소한 콰인이 1948년 말 발표한 논문 "있는 것에 관하여(On What There Is)"에서 그런 입장 변경이 확인된다는 데에는 의문의 여지가 없다. 그러나 만코수에 따르면 콰인은 이미 1948년 3월에 우저에게 보낸 편지에서 그렇게 바꾼 입장을 드러냈다(Mancosu, 2008).

한편 프로스트아널드에 따르면 콰인이 입장을 바꾼 이유에 대한 표준적 가설은 다음과 같다. ① 콰인은 유명론이 자연과학을 다루는 데 필요한 고전 수학을 충분히 포착하지 못함을 깨달았다. ② 그 깨달음이 콰인으로 하여금 유명론을 포기하고 플라톤주의적 해석하에서 고전 수학을 완전히 받아들이게 했다. ③ 콰인은 자연과학을 추구하려면 실재론적으로 이해된 완전한 고전 수학이 필요하다고 생각했다(Frost-Arnold, 2020: 131). 반면 프로스트아널드의 새 명료성 가설에 따르면, 콰인의 입장 변경은 그가 물리적 물체의 개념이 타르스키와 자신이 믿었던 만큼 분명하지 않다는 점을 깨달으면서 이론 선택 문제에서 명료성(이해 가능성, 직관성, 자연스러움)을 덜 강조하게 되었기 때문에 일어났다(Frost-Arnold, 2020: 133-135).

종래 20세기 수학철학사에서 필수 불가결성 논증에 의거한 콰인의 플라톤주의가 등장한 배경은 석연치 않았다. 콰인이 유명론에서 실재론으로 입장을 바꾼 것에 대한 프로스트아널드의 명료성 가설은 이 배경을 아주 잘 설명해준다. 프로스트아널드가 자신의 가설을 입증하기 위해 콰인과 닐스 보어(Niels Bohr)의 만남, 양자 역학의 최신 동향 등을 거론하는 것도 콰인의 사상적 발전을 더욱 구체적인 역사적 맥락 안에서 파악하게 해 준다는 점에서 크게 환영할 만하다.

타르스키의 궁극의 유명론

타르스키는 자신의 유명론이 "유물론의 흔적을 지닌 유명론"이라고 술회했다(Mancosu, 2010: 373). 타르스키가 1940년 하버드 토론 모임에서 제시한, 과학의 언어가 이해되기 위해 충족해야 할 조건들은 그 유명론의 특징을 잘 보여 준다. 프로스트아널드에 따르면 타르스키가 처음 제시한 세 가지 조건들은 다음과 같다.

① 유한수의 개체들
② 사물론적(코타르빈스키) 조건: 개체들은 물리적 사물들이다.
③ 비플라톤적 조건: 보편자들(집합들 등)이 아니라 오직 개체들(사물들)의 변항만이 등장한다.

(Frost-Arnold, 2013: 4)

프로스트아널드를 따라 타르스키의 입장이 유한주의-유명론적이라고 간주하면, 여기서 ①은 유한주의를 대변하고 ③은 유명론을 대변하므로 ②가 "유물론적" 성격을 대변한다고 할 수 있다. 타르스키는 자신이 유대인이라는 이유로 고초를 겪을 때 은사들 중 오직 코타르빈스키만

도움을 준 데 보은하려던 듯 코타르빈스키의 책 ≪지식론(Gnosiology. 이탈리아와 러시아 등지에서 인식론의 동의어로 사용되는 용어)≫(Kotarbiński, 1929/1966) 영역본 출판에 주도적 역할을 하는 등 스승의 사상을 널리 알리는 데 열심이었다.

그렇다면 평생 유명론을 견지한 타르스키가 지속적 심화 과정을 거쳐 궁극의 유명론을 완성했다고 할 수 있는가? 이 문제에 답할 가장 유용한 단서는 에버트 베스(Evert W. Beth)의 학회 보고에 의존해 만코수가 밝힌 1953년 타르스키의 브뤼셀 강연 내용에서 발견된다.

> 타르스키 교수는 콰인의 유명론적 견해 해설에 동의했고, 여러 가지를 상세히 설명했다. 그는 '기초 존재론' B와 '확장된 존재론' E를 구별했다. 과학을 예로 들 수 있을 것이다. 과학에서 B는 육안으로 관찰할 수 있는 대상들로 이루어지는 반면, 원자·전자 등은 E에 속한다. B와 E 사이 경계선은 날카롭게 그을 수 없고, 특정 원소들을 B에서 E로 또는 역으로 옮기는 것은 유명론적 관점에서 아무런 이득이 없다. 그러나 우리는 B에 대해서는 경험주의의 자세를 취하고 E에 대해서는 유명론의 자세를 취함으로써 B와 E를 동시에 환원하려 시도해 볼 수 있다. 그러면 B는 우리에게

> 구체적 대상들을 최소한으로 공급해 주고, E는 유명론자에게 받아들여질 수 있는 보편자들의 존재론을 제공해야 한다. 여기서 문제는, 앞서 보았듯이, 보편자들(집합들)을 치역으로 갖는 양화사들에 대한 유명론적 해석을 찾는 데 있다.(Beth, 1953/1954: 43; Mancosu, 2010: 405)

타르스키가 콰인보다 훨씬 더 집요하게 유명론자가 직면하는 문제를 해결하려 고심한 것을 볼 때, 양화사 제거 방법에 대한 타르스키 평생의 수학적 연구도 궁극적으로 유명론에서 추동력을 얻었을 가능성이 크다.

참고문헌

Beth, E. W.(1953/1954). Zomerconferentie 1953/4a. *Algemeen Nederlands Tijdschrift voor Wijsbegeerte en Psychologie, 46*, pp. 41 – 45.(van Atten, M.의 미출간 영역본)

Feferman, S. & Feferman, A. B.(2004). *Alfred Tarski: Life and Logic*. Cambridge: Cambridge University Press.

Frost-Arnold, G.(2008). Tarski's Nominalism. In Patterson, D.(ed.). *New Essays on Tarski and Philosophy*, pp. 225-246. Oxford: Oxford University Press.

Frost-Arnold, G.(2013). *Carnap, Tarski, and Quine at Harvard: Conversations on Logic, Mathematics and Science*. Chicago, IL: Open Court.

Frost-Arnold, G.(2020). The Ontogeny of Quine's Ontology: Pythagoreanism, Nominalism, and the Role of Clarity. In Janssen-Lauret, F.(ed.). *Quine: Structure and Ontology*, pp. 117-146. Oxford: Oxford University Press.

Kennedy, J.(2021). *Gödel, Tarski and the Lure of Natural Language: Logical Entanglement, Formalism Freeness*. Cambridge: Cambridge University Press.

Kotarbiński, T.(1929/1966). *Gnosiology: The Scientific Approach to the Theory of Knowledge*. Oxford: Pergamon Press.

Kotarbiński, T.(1955). The Fundamental Ideas of Pansomatism. *Mind, 64*, pp. 488-500.

Mancosu, P.(2008). Tarski, Neurath, and Kokoszyńska on the Semantic Conception of Truth. In Patterson, D.(ed.). *New Essays on Tarski and Philosophy*, pp. 192-224. Oxford: Oxford University Press.

Mancosu, P.(2010). *The Adventure of Reason*. Oxford: Oxford University Press.

Mancosu, P.(2021). Logic and Biology: The Correspondence Between Alfred Tarski and Joseph H. Woodger. *Journal of Humanistic Mathematics, 11*(2), pp. 18-106.

Murphey, M. G.(2012). *The Development of Quine's Philosophy*. Dordrecht: Springer.

Mycielski, J.(2004). On the Tension between Tarski's Nominalism and His Model Theory. *Annals of Pure and Applied Logic, 126*, pp. 215 – 224.

Panaccio, C.(2023). *Ockham's Nominalism: A Philosophical Introduction*. Oxford: Oxford University Press.

Parsons, C.(2011). Quine's Nominalism. *American Philosophical Quarterly, 48*(3), pp. 213-228.

Patterson, D.(2012). *Alfred Tarski: Philosophy of Language and Logic*. Palgrave Macmillan.

Quine, W. V. O.(1936). Truth by Convention. In Lee, O. H.(ed.). *Philosophical Essays for A. N. Whitehead*, pp. 90 – 124. New York: Longmans. Quine, W. V. O.(1966). *The Ways of Paradox and Other Essays*. Cambridge: Harvard University Press. pp. 70-99에 재수록.

Quine, W. V. O.(1946). Nominalism. In Zimmerman, D. W.(ed.). *Oxford Studies in Metaphysics, 4*, pp. 3-21. Oxford: Oxford University Press.

Rodriguez-Consusgra, F.(2007). Two Unpublished Contributions by Alfred Tarski. *History and Philosophy of Logic, 28*, pp. 257-264.

Simons, P.(1998). Nominalism in Poland. In Srzednicki, J. J. & Stachniak, Z.(eds.). *Leśniewski's Systems: Protothetic*, pp.

1–22. Reidel: Kluwer.
Simons, P.(2008). Tarski on Tight Budget: Tarski and Nominalism. In Patterson, D.(ed.). *New Essays on Tarski and Philosophy*, pp. 369–389. Oxford: Oxford University Press.

09
논리상항

논리적인 것과 논리 외적인 것을 구분하려는 타르스키의 평생 연구는 펠릭스 클라인의 에를랑겐 프로그램을 논리학에 적용해 논리성을 "치환하에서의 불변성"으로 파악한 타르스키의 테제로 요약된다. 길라 셔가 제시한 "동형사상하에서의 불변성"은 타르스키의 주장의 확장이므로 오늘날 "타르스키-셔 테제"로 불린다. 이에 대한 비판과 대안 제시가 현재 논리철학의 궁극 과제를 이룬다.

타르스키 테제

논리학의 핵심인 논리적 형식은 명제의 주어와 술어처럼 내용을 갖는 기술적(descriptive) 단어들과 논증의 뼈대를 이룰 따름인 연결어나 양화사 같은 논리적 단어들[논리상항, 신카테고레마타(syncategoremata)]의 구별을 전제해야 파악할 수 있다.

타르스키는 펠릭스 클라인(Felix Klein)이 기하학 토대론의 맥락에서 유클리드 기하학, 아핀(affine) 기하학, 위상수학 등 다양한 기하학 이론에서 논의되는 관념들을 구별한 방법을 논리학에 적용했다. 기하학은 정의역과 치역 모두 기하학적 공간 전체와 일치하는 함수를 다룬다. 그러한 함수를 공간의 자신으로의 변환이라고 부른다. 또한 기하학은 단사(injection) 함수들을 다룬다. 이는 곧 공간의 자신으로의 일대일 변환을 의미한다.

유클리드 기하학은 경험과학으로서 움직일 때 형체가 변하지 않는 물체들을 다룬다. 이러한 물체들의 모든 운동은 어떤 변환과 대응하는데, 운동을 시작할 때 특정한 위치를 점한 물체가 운동의 결과로 또 다른 위치를 점하기 때문이다. 운동을 시작할 때 물체가 차지한 점은 운동이 끝날 때 그 물체가 차지하는 점과 대응한다. 이 변환의 특징은

두 지점 간 거리가 불변한다는 것이다. 만일 x와 y가 특정 거리를 결여하고, $f(x)$와 $f(y)$가 x와 y에 대응하는 최종점들이라면, $f(x)$와 $f(y)$ 간 거리는 x와 y 간 거리와 같다. 거리는 이 변환하에서 불변한다고 여겨지며, 이는 강체 운동의 특징이다. 이에 따라 수학자들은 운동을 거리가 변하지 않는 변환, 즉 등거리 변환으로 본다. 유클리드 기하학에서 논의되는 모든 관념은 모든 운동하에서, 즉 모든 등거리 변환하에서 불변한다. 나아가 이들 관념은 더 넓은 변환들의 집합하에서, 즉 닮음 변환하에서 불변한다. 이러한 변환은 거리를 모두 보존하지는 않으나 기하학적 도형의 크기를 모든 방향으로 균일하게 증가 또는 감소시킨다. 클라인은 거리 기하학의 모든 관념이 가능한 모든 닮음 변환하에서 불변한다는 특징을 지닌다고 말한다.

그렇다면 우리는 허용 가능한 변환들의 집합을 축소 또는 확대할 수 있다. 예컨대 불변하는 관념들의 집합을 확대해, 거리는 변할 수 있으나 동일선상에서 점들의 상대적 위치는 불변하는 변환들을 그 집합에 포함시킬 수 있다. 이러한 변환을 아핀 변환이라고 부른다. 동일 직선상에 있음과 사이에 있음이 이 유형의 모든 변환에서 불변하는 관념들이다. 그러한 관념들을 사용하는 기하학을 아핀 기하학이라 한다. 여기서 우리는 변환들의 더 광범한 집합을 발견하며, 그 결과 더 협소한 관념들의 집합이 이 광범한 변환들의 집합하에서 불변함을 알게 된다. 이러한 관념들은 수가 더 적고 더 일반적이다. 나아가 우리는 사이에 있음 관계가 보존되지 않는 변환들과 동일 직선상의 점들도 다른 직선상에 있을 수 있는 변환들을 광범한 집합에 포함시킬 수 있다. 이때 원래 집합에 보존되는 것은 연결성과 닫힘이다. 연결된 도형은 연결된 채로 남는다. 폐곡선은 폐곡선으로 남는다. 여기서 타르스키가 염두에 둔 것은 연속 변환이고, 연속 변환하에서 불변하는 관념들을 다루는 것이 위상수학이다.

우리가 계속 더 넓은 변환 집합을 고려한다고 가정하자. 극단적인 경우 공간, 논의의 우주, 세계의 그 자신으로의 모든 전단사(bijection) 변환으로 구성된 집합을 고려하면서 우리는 "이 가장 광범한 변환들의 집합하에서 불변하는 관념들을 다루는 과학은 무엇인가"를 물을 수 있다. 그러한 과학은 아주 적은 일반적 성격의 관념들을 다룰 것이고, 타르스키는 그것들이 바로 논리적 관념들이라고 시사한다. 즉 타르스키는 어떤 관념이 세계의 그 자신에 대한 모든 가능한 전단사 변환하에서 불변하는 경우 그리고 오직 그럴 경우에만 논리적이라고 시사한다.

타르스키-셔 테제

길라 셔(Gila Sher)에 따르면 타르스키가 제시한 논리성의 기준을 "치환하에서의 불변성(invariance under Permutation)"으로 파악할 때, 오늘날 보통 채택되는 타르스키류 논리성의 기준은 "동형사상하에서의 불변성(invariance under isomorphism)"이다. 개체들의 치환만이 아니라 논항 구조를 거론한다는 점에서 후자는 전자의 일반화로 이해할 수 있다.

> 한 연산자 O는 그것의 논항 구조들이 띠는 모든 동형성하에서 불변할 경우, 그리고 오직 그럴 경우에만 논리적이다.(Sher, 2008: 302)

여기서 ① 구조는 그 첫 원소가 한 우주 A 며, 다른 원소들은 A 에 속한 원소들의 집합론적 구성물인 m-쌍(m-tuple)이다. ② 두 구조 $< A, \beta_1, \cdots, \beta_n >$과 $< A', \beta'_1, \cdots, \beta'_k >$는 $n = k$고 모든 $1 \leq i \leq n$에 대해 β'_i가 f 아래서 β_i의 이미지인, A로부터 A'로의 전단사가 존재할 경우, 그리고 오직 그런 경우에만 동형적이다. ③ 한 연산자 O는 주어진 유형의 어떤 대상을 표상한다(Sher, 2008: 302).

그리고 이 기준은 타르스키가 1966년 5월 16일에 행한 강연이 출판되지 않아 오랫동안 널리 알려지지 않은 상황에서 페르 린드스트룀의 논문(Per Lindström, 1966)과 안제이 모스토프스키의 논문(Andrzej Mostowski, 1957)에 역사적 연원을 둔다고 알려져 있었다(Tarski, 1986: 144). 이 타르스키의 판본은 "치환" 대신 "동형사상"(또는 "전단사")을, 단일한 보편적 "세계" 대신 "구조들"이라는 하나의 전체를 지칭한다(Sher, 2008: 302).

밴 맥기(Vann McGee)는 최근 "논리적 연산들(Logical Operations)"이라는 논문에서 타르스키가 1966년 강연에서 제안한 바를 완벽하게 이론화하고자 했다. 맥기의 핵심 성과는 치환하에서의 불변성을 보장하는 타르스키류 연산들이 언어 $\mathcal{L}_{\infty\infty}$에서 정의 가능한 것들과 정확히 일치한다고 규정했다는 점이다.

> 어떤 1항 연산은 $\mathcal{L}_{\infty\infty}$의 어떤 정식에 의해 기술될 때, 그리고 오직 그럴 경우에만 모든 변환 아래서 불변이다.(McGee, 1996: 572)

맥기는 이 정리가 특정 정의역에서의 논리적 연산들이 치환 아래서 불변하는 연산들이라고 믿을 훌륭한 이유를 제공한다고 생각한다. 아울러 논리적 연산들을 특정 정의역에만 결부하지 않는 것이 자연스럽기 때문에 정의역들을 가로지르는 연산들을 고려한다. 그리하여 맥기는 셔가 제시한 동형사상하에서의 불변성을 타르스키 주장의 확장으로 고려하면서, 그것을 "타르스키-셔 테제"로 명명한다(McGee, 1996: 576).

타르스키-셔 테제에 대한 비판과 옹호

최근 페퍼먼은 다음과 같이 타르스키-셔 테제에 대해 세 가지 기본적 비판을 제시했다.

> ① 그 논제는 논리학을 수학에, 더 구체적으로는 집합론에 동화시켜(흡수해) 버린다.
> ② $\mathcal{L}_{\infty\,\infty}$의 의미론을 설명하는 데 포함된 집합론적 관념들은 튼튼하지 않다.
> ③ 그것은 무엇이 임의의 기본적 정의역에 대해 같은 논리적 연산(operation)을 구성하는지를 다루는 어떤 자연스러운 설명도 제공하지 않는다.
>
> (Feferman, 1999: 37)

페퍼먼에 따르면 비판 ①은 명백히 논리학의 본성에 대한 각자의 궁극적 직관에 의존한다. 그리고 비판 ②는 비판 ①에 부수적이다. 결국 페퍼먼은 비판 ③이 타르스키-셔 논제를 물리치는 가장 강력한 이유라고 여긴다. 즉 맥기의 견해에 동의하면서 타르스키-셔 논제가 어떤 연산이 논리적인 것으로 취급되기 위해 충족해야 하는 필요조건일 뿐 충분조건은 되지 못한다고 주장한다(Feferman, 1999: 37-39).

타르스키-셔 논제의 옹호자들과 비판자들 간 논쟁은 향후 상당 기간 활발히 진행되리라고 예상된다. 예를 들어 박준용은 "논리적인 것이 동형 구조 내의 불변적인 것이라는 셔의 생각은 논리적 귀결의 형식적 특징을 보이기에 충분하다고 인정"하는 한편, 마리오 고메즈토렌테(Mario Gomez-Torrente)를 원용해 "용어의 의미에 대한 셔의 생각은 외연이 빈 술어의 문제를 제대로 다루기에는 아주 부적합"하다고 비판한다.

> 유클리드 기하학에서는 정육면체나 정팔면체는 존재하지만, 정칠면체는 존재하지 않는다. 그러면 "정칠면체"는 어느 가능 세계에서나 "$x \neq x$"와 같은 외연을 가질 것이다. 왜냐하면 정칠면체가 존재하는 세계는 상상하기 힘든 것으로

보이기 때문이다. 그러므로 셔의 기준에 따를 때, "정칠면체"는 논리상항으로 간주해야 하는 것으로 보이고,

② 정칠면체는 존재하지 않는다

라는 문장은 논리적으로 참인 문장으로 간주되어야 할 것 같다. 그러나 우리는 "정칠면체" 같은 말을 논리상항으로 간주하지 않으며, ② 같은 문장을 논리적 참으로 간주하지 않는 것으로 보인다.(박준용, 2014: 102-103; Gomez-Torrente, 2003: 205)

아울러 타르스키-셔 논제보다 논리성의 본질을 더 적확하게 포착하려는 대안들도 계속 제시되리라 기대된다. 실제로 페퍼먼의 "준동형사상(homomorphism)과 유사성하에서의 불변성", 드니 보네(Denis Bonnay)의 "잠재적 동형사상하에서의 불변성" 등이 대안으로 제시되었다(Feferman, 1999; Bonnay, 2006).

참고문헌

박우석(1998). “논리적인 것과 논리 외적인 것”. ≪논리연구≫, 2, 7-34쪽.

박준용(2014). “모형론적 논리적 귀결과 논리상항”. ≪논리연구≫, 17(1), 77-108쪽.

최병일(1999). “타르스키의 논리상항의 정의에 대한 연구”. ≪논리연구≫, 3, 95-113쪽.

최원배(2012). “모형론적 귀결과 양상성”. ≪한국수학사학회지≫, 25(4), 21-36쪽.

Bonnay, D.(2006). Logicality and Invariance. *Bulletin of Symbolic Logic, 14*(1), pp. 29-68.

Feferman, S.(1999). Tarski and Gödel: Between the Lines. In Wolenski, J. & Köhler, E.(eds.). *Alfred Tarski and the Vienna Circle*, pp. 53-63. Dordrecht.

Feferman, S.(2008). Tarski's Conceptual Analysis of Semantical Notions. In Patterson, D. *New Essays on Tarski and Philosophy*, pp. 72-93. Oxford: Oxford University Press.

Feferman, S.(2010). Set-theoretical Invariance Criteria for Logicality. *Notre Dame Journal of Formal Logic, 51*(1), pp. 3-20.

Gomez-Torrente, M.(2002). The Problem of Logical Constants. *Bulletin of Symbolic Logic, 8*, pp. 1-37.

Gomez-Torrente, M.(2003). The 'must' and the 'heptahedron': remarks on remarks. *Theoria, 18*, pp. 199-206.

Lindström, P.(1966). First Order Predicate Logic with Generalized Quantifiers. *Theoria, 32*, pp. 186-195.

McGee, V.(1996). Logical Operations. *Journal of Philosophical Logic, 25*, pp. 567-580.

Mostowski, A.(1957). On a generalization of quantifiers. *Fundamenta Mathematicae, 44*(1), pp. 12–36.

Sagi, G.(2022). Invariance Criteria as Meta-constraints. *The Bulletin of Symbolic Logic, 28*(1), pp. 104–132.

Sher, G.(1991). *The Bounds of Logic*. Cambridge, MA: MIT Press.

Sher, G.(2008). Tarski's Thesis. Patterson, D.(ed.). *New Essays on Tarski and Philosophy*, pp. 300–339. Oxford: Oxford University Press.

Tarski, A.(1986). What are Logical Notions?. *History and Philosophy of Logic, 7*, pp. 143 – 154.

10
타르스키의 정체

수학자로서 타르스키의 최고 업적은 모델론을 육성한 일이다. 철학자로서 타르스키의 최고 업적은 모델론을 통해 진리 개념과 논리적 귀결 개념을 정의하려는 노력의 연장선상에서 논리성의 본질을 규명할 토대를 구축한 일이다. 수학과 철학 양쪽에서 모두 과소평가될 운명이지만, 타르스키는 수학으로서 수리논리학 연구만으로 수학과 철학 사이에 불멸의 징검다리를 놓아 주었다.

수학자 타르스키의 유산

기밴트는 수학자 타르스키를 "예외적으로 광범한 수학적 관심사를 지닌 논리학자"로 평했다(Givant, 1991: 22). 이어 집합론, 형식체계이론, 무한논리, 결정이론, 모델론, 보편대수, 불 대수, 격자이론, 대수논리, 측정이론, 기하학 등 타르스키가 업적을 남긴 다양한 수학 분야들을 예시했다. 그러나 이 놀랄 만한 목록만으로는 타르스키가 왜 이 분야들에 관심을 보였는지, 그것들이 어떻게 상호 연결되는지 이해할 길이 없다. 이러한 맥락에서 훗날 기밴트가 타르스키의 수학적 관심사를 한데 엮어 주는 실타래를 제시하려 한 것은 참으로 고마운 일이다.

> 타르스키의 양화사 제거, 특히 이 방법을 대수학과 기하학 체계들에 적용하는 일에 대한 관심은 타르스키가 이 주제들을 고등학교에서 가르친 데 영향받았다. 이 연구는 타르스키를 정의 가능성 관념의 명료화 문제로 이끌었고, 그것은 만족 개념을 정의하는 문제로, 궁극적으로는 진리를 정의하는 문제로 이어졌다. 타르스키와 다른 이들에 의한 양화사 제거 방법의 응용들과 정의 가능성, 만족 그리고 진리의 정의들은 결국 모델론의 창조로 귀결했다.(Givant, 1999: 56)

우리는 모델론 외 타르스키가 관심을 보인 수학의 분야들을 소개한 데 대해 기밴트에게 고마움을 표해야 마땅하다. 예를 들어 기밴트는 1920년대의 젊은 타르스키가 집합론에 열정을 불태웠다는 사실을 생생하게 보여 주었다. 어느 날 타르스키는 꿈속에서 연속체 가설의 증명을 얻었는데, 너무나 괜찮은 증명이어서 오류를 찾는 데 몇 주가 걸렸다고 한다. 1920년대 말 타르스키의 관심은 대수학과 메타수학으로 옮겨 갔다. 고등학교 수학 선생으로서 타르스키의 주된 임무가 기하학 교육이었다는 정보도 요긴하다. 타르스키는 논리적 관점에서 힐베르트의 공리 체계들에 대해 비판적이었고, 페데리고 엔리케(Federigo Enrique)의 소개로 페아노에게 크게 영향받은 이탈리아 기하학자 마리오 피에리(Mario Pieri)의 작업에 관심을 갖게 되었으며, 궁극적으로 엄밀한 기하학 기초론을 정립하는 과제를 스스로에게 부여했다.

그렇다면 타르스키는 모델론이 동시대 수학자들에게 수학의 독립된 한 분야로 인정받도록 하기 위해, 어떻게 자신의 특별한 관심 분야인 집합론과 기하학에서 모델론의 위력을 과시하며 그 필요성과 가치를 입증했을까? 모델론으로 무장한 수학자 타르스키의 궁극적 야심은 수학의 어떤 분야를 정복하는 것이었을까?

타르스키의 박사 제자인 보트는 1986년 타르스키가 모델론에서 점하는 절대적 위상을 강조하면서 순수모델론과 응용모델론의 구분이 쉽지 않다는 점을 지적했다(Vaught, 1986). 또 다른 제자 장첸청(Chen Chung Chang, 张晨钟)과 키슬러의 공저 ≪모델론(Model Theory)≫은 아주 오랫동안 모델론 분야의 바이블이었다(Chang & Keisler, 1973). 그 뒤를 이어 표준적 교과서를 내놓은 이가 하지스다(Hodges, 1993; 1997). 이제 21세기 중반을 향해 가는 시점에서 모델론의 최근 역사를 조감하며 타르스키의 위상에 변동이 있는지, 지금은 순수모델론과 응용모델론의 구분이 쉬워졌는지 점검해 볼 필요가 있다. 사정이 얼마나 변했을까? 편의상 팀 버튼(Tim Button)과 숀 월시(Sean Walsh)의 ≪철학과 모델론(Philosophy and Model Theory)≫을 참조할 수 있을 것이다. 특히 그 책에 부록으로 첨부된 하지스의 "모델론 소사(A Short History of Model Theory)"는 우리의 관심사에 대한 소중한 정보를 담고 있다(Button & Walsh, 2018; Hodges, 2017).

철학자 타르스키의 유산

20세기 논리철학에 대해 이야기하려면 우선 콰인의 ≪논리학의 철학(Philosophy of Logic)≫(1970/1986)부터 꼼꼼히 읽어야 한다. 이 책의 색인은 콰인이 논리철학 분야에서 타르스키를 러셀, 괴델, 카르나프보다 더 중요하게 여겼다고 추정케 한다. 나온 지 꽤 되었으므로 당연히 업데이트가 필요하겠지만, 현대 논리학의 방대한 문헌과 다양한 주제 그리고 광속으로 변하는 학계 동향 때문인지 21세기에 나온 논리철학 연구서 중 이 책에 견줄 만한 책을 골라내기란 쉽지 않다. 그런 상황에서 놀라운 사실은 타르스키가 오늘날에도 여전히 어떤 진지한 연구에서든 가장 중요한 주제로 논의되고 있다는 점이다.

20세기 철학에서 언어철학은 오랫동안 제1 철학의 지위를 구가했다. 그러나 1970년대에 이르러 컴퓨터혁명, 인지과학혁명 등으로 세상이 빠르게 변화하면서 심리철학에 그 자리를 내주었다. 논리학과 언어철학 중심의 현대 영미 분석철학은 프레게, 러셀, 카르나프 등 현대 수리논리학의 개척자들에게서 영감을 받아 열정적으로 추구되고 대륙 철학과 더불어 철학계를 양분했지만, 지금은 과거의 유물 처지에 놓였다. 수리논리학은 완전히 수학자들의 수중에

넘어갔고, 언어학자들의 첨단 연구에 분석철학의 성과가 반영되고 있다는 증거를 찾기도 어려워졌다. 그 반례로 과학철학이 교육 과정에 편입되었다는 점을 드는 사람도 있겠지만, 카르나프를 위시한 논리실증주의자들이 유럽에서 활약하던 20세기 초중반 통일과학 운동이 지녔던 야심과 활력을 상기하면 과학철학 역시 쿤의 ≪과학혁명의 구조(The Structure of Scientific Revolutions)≫ 이후 수십 년간 초점을 잃고 방황하며 매우 초라해졌다는 느낌을 지울 수 없다.

이러한 상황에서 최근 힐베르트의 강의록, 에른스트 체르멜로(Ernst Zermelo) 전집, 베르나이스 전집, 카르나프 전집, 괴델의 철학노트 등이 속속 출판되고 있다는 것은 참으로 반가운 일이다. 프로스트아널드가 모범적으로 보여주었듯 아카이브 자료 발굴에 바탕을 둔 연구의 효능과 가치를 무시할 수 없고, 실제로 20세기 초 수리논리학과 수학기초론 분야의 개척자들이나 논리실증주의자들에 관한 심층적 연구가 쏟아져 나오고 있다. 타르스키 역시 비록 청년 시절 폴란드에서 남긴 자료들은 잘 보존되지 못했지만 버클리가 방대한 자료를 보관하고 있고, 만코수 같은 이들이 그 자료를 바탕으로 주목할 만한 연구물을 꾸준히 내고 있다(Mancosu, 2010; 2018; 2021). 광풍이 잦아들고 안개가 걷히면서 잃어버린 한 세기를 복기하려는 움직임이 활발해지고 있다. 20세기 초, 즉 완전히 단절되지 않은 과학과 철학이 진지한 대화를 모색하던 시절로 되돌아가고 있다고나 할까?

인간 타르스키: 수학적 철학과 철학적 수학 그리고 논리학

타르스키는 수학적 철학과 철학적 수학 사이에서 끝없이 방황한 길 잃은 나그네였다. 집합론을 주로 연구한 이상 수학과 철학의 경계선에 놓일 수밖에 없었다 하더라도, 어쩌면 유사 이래 가장 철두철미한 유명론자로서 타르스키가 겪었을 내적 갈등은 범인이 쉽게 짐작하기 어렵다. 쉽게 타협하지 않고 진리 정의, 논리적 귀결 정의 그리고 정의 가능성 정의 등 근본적 문제들에 대해 끊임없이 질문하면서 진정한 학문을 향한 새로운 길을 개척했지만, 궁극적 목적지에 도달하지 못했을 뿐 아니라 수학자로서도 철학자로서도 정당한 대접을 받지 못하고 있다.

바르샤바의 스승들은 타르스키가 수학적 철학, 철학적 수학 그리고 논리학 분야에서 거목으로 성장하는 데 부족

함 없는 이상적 토양이었다. 그러나 폴란드에서 유대인이라는 이유로 학계에서 불이익을 당한 타르스키의 생애 전반부는 엉겁결에 미국으로 이주한 이후 버클리에 논리학의 메카를 이룩하기에 이르는 찬란한 후반부와 극명하게 대조된다. 몇 달 후 폴란드가 침공당할 것이라고 정확하게 예측했음에도 처자를 남겨 두고 학회에 참석하기 위해 뉴욕행 선박에 승선한 실존적 선택은 늘 쾌활하고, 적극적이고, 당당하고, 자신만만했던 논리학의 황제 이면에 드리운 암울한 그림자를 드러낸다.

타르스키의 지도로 박사 학위를 받은 저명한 수리논리학자 솔로몬 페퍼먼과 뛰어난 문필가인 그의 아내 어니타 버드먼 페퍼먼이 쓴 타르스키 전기는 여러 문제점에도 불구하고 이 파악하기 어려운 천재의 삶과 학문을 궁금해하는 이들에게 더할 나위 없이 훌륭한 출발점을 제공한다. 악명 높은 타르스키의 애정 행각이나 줄담배를 피우며 강의하는 타르스키가 분필 대신 담뱃불로 판서하지는 않을까 가슴 졸이던 제자들의 추억담 등 다채로운 일화들이 궁금한 독자들은 페퍼먼 부부의 노작을 번역 중인 김병한 교수에게 장차 크게 감사하게 될 것이다.

이 책의 마지막 페이지를 쓰는 시점에서 새삼 어쩌다 여러모로 부족한 내가 이 일을 시작했는지 되돌아보지 않을 수 없다. 주마등처럼 스쳐 가는 기억 속에 은사 존 코코란 교수의 미소가 가슴을 때린다. 40년 전 그가 편집해 개정판을 낸 타르스키의 논문집 ≪논리학, 의미론, 메타수학≫을 이해하지도 못하면서 밑줄 긋기에 바빴던 철부지의 모습이나 완벽주의자인 스승이 아무도 고마워하지 않을 일에 심혈을 기울인 사실이 못마땅했던 기억도 생생하다. 그러나 퍼즐들이 맞춰지고, 왜 타르스키와 코코란이, 왜 현대 수리논리학자와 수학자 그리고 철학자들이 그토록 수지 타산이 안 맞는 일에 열정을 불태웠는지 조금이나마 이해할 수 있게 되었다. 이 책을 쓰면서 현대 영미 분석철학의 역사를 배후에서 기획한 설계자가 타르스키일 수 있다는 점, 정작 타르스키는 수학자들이 수학자인 한 당연히 대답했어야 할 정의와 정의 가능성의 문제에 답하기 위해 현대 수학의 한 분야를 개척했다는 점을 깨닫게 되었다. 그런 의미에서 타르스키는 위대한 수학적 철학자, 철학적 수학자 그리고 논리학자였다. 공이 울릴 때까지 열심히 타르스키 흉내를 내 보자는 마음이 드는 것을 보니 철천지원수인 줄 알았던 이 유명론자 또한 인간이었다는 사실이 모든 것을 덮을 만큼 압도적인 듯하다. 그러나 타르스키 문제란 과연 무엇인가? 정의란 무엇인가? 정의 가능하다는 것은 정의 가능한가?

참고문헌

Button, T. & Walsh, S.(2018). *Philosophy and Model Theory.* Oxford: Oxford University Press.

Chang, C. C.(1974). Model Theory 1945–1971. In Henkin, L. et al.(eds.). *Proceedings of the Tarski Symposium*, pp. 173–186. Providence, RI: American Mathematical Society.

Chang, C. C. & Keisler, H. J.(1973). *Model Theory.* Amsterdam: North–Holland.

Feferman, S. & Feferman, A. B.(2004). *Alfred Tarski: Life and Logic.* Cambridge: Cambridge University Press.

Givant, S.(1991). A Portrait of Alfred Tarski. *Mathematical Intelligencer, 13*, pp. 16–32.

Givant, S.(1999). Unifying Threads in Alfred Tarski's Work. *The Mathematical Intelligencer, 21*(1), pp. 47–58.

Hodges, W.(1993). *Model Theory.* Cambridge: Cambridge University Press.

Hodges, W.(1997). *A Shorter Model Theory.* Cambridge: Cambridge University Press.

Hodges, W.(2017). A Short History of Model Theory. In Button, T. & Walsh, S.(2018). *Philosophy and Model Theory,* pp. 439–476. Oxford: Oxford University Press.

Kennedy, J.(2021). *Gödel, Tarski and the Lure of Natural Language: Logical Entanglement, Formalism Freeness.* Cambridge: Cambridge University Press.

Mancosu, P.(2010). *The Adventure of Reason. Interplay between Mathematical Logic and Philosophy of Mathematics: 1900–1940.* Oxford: Oxford University Press.

Mancosu, P.(2018). The Origin of the Group in Logic and the

Methodology of Science. *Journal of Humanistic Mathematics, 8*(1), pp. 371-413.

Mancosu, P.(2021). Logic and Biology: The Correspondence Between Alfred Tarski and Joseph H. Woodger. *Journal of Humanistic Mathematics, 11*(2), pp. 18-105.

Mycielski, J.(2004). On the tension between Tarski's nominalism and his model theory(definitions for a mathematical model of knowledge). *Annals of Pure and Applied Logic, 126*(1-3), pp. 215-224.

Park, W.(2023). The Place of Mathematical Logic in the 20th Century American Mathematics: Mac Lane's Perspective. *Al-Mukhatabat: A Trilingual Journal for Logic, Epistemology and Analytical Philosophy, 46*, pp. 11-46.

Quine, W. V. O.(1986). *Philosophy of Logic*(2nd edition). Harvard University Press.

Sinaceur, H.(2009). Tarski's Practice and Philosophy: Between Formalism and Pragmatism. In Lindström, S. et al.(eds.). *Logicism, Intuitionism, and Formalism: What Has Become of Them?*, pp. 357 - 396. Boston: Springer.

Vaught, R. L.(1986). Alfred Tarski's Work in Model Theory. *Journal of Symbolic Logic, 51*(4), pp. 869 - 882.

White, M.(1987). A Philosophical Letter of Alfred Tarski. *The Journal of Philosophy, 84*(1), pp. 28-32.

알프레트 타르스키(Alfred Tarski, 1901~1983)

쿠르트 괴델에 버금가는 20세기 최고의 논리학자이자 수리논리학의 핵심인 모델론을 정립하고 발전시킨 뛰어난 수학자다. 진리 개념의 정의와 논리적 귀결 개념의 정의를 통해 현대 분석철학의 역사에 지대한 영향을 미친 철학자이기도 하다. 논리학과 수학 그리고 철학이 교차하는 지점에서 작업하며 집합론, 모델론, 대수학 등에 불후의 업적을 남겼다. 그중 괄목할 만한 것으로 바나흐-타르스키 역설, 정의 가능성 이론, 대수학과 기하학의 완전성과 결정 불가능성 연구 등을 꼽을 수 있다. 1957년 미국 캘리포니아대학교 버클리캠퍼스에 세운 논리학과 과학방법론 대학원 프로그램은 논리학, 수학 그리고 철학의 밀접한 공조 속에서 그의 정신을 이어 가고 있다.

박우석

연세대학교 철학과를 졸업하고 뉴욕주립대학교(버펄로) 대학원에서 철학 박사 학위를 받았다. 지난 사반세기 동안 한국과학기술원에서 교수 생활을 했고, 현재는 명예교수로 있다. 한국논리학회 회장, 한국분석철학회 회장, 한국바둑학회 회장을 지냈다. 최근 저서로 *Philosophy's Loss of Logic to Mathematics*(2018), *Abduction in Context*(2016)가 있고, 국내외 유수 학술지에 다수의 논문을 발표했다. 최근 번역한 책으로는 ≪아리스토텔레스의 초기 논리학≫(2023), ≪아리스토텔레스주의 실재론적 수학철학: 양과 구조의 과학으로서의 수학≫(2022)이 있다.